TASTY

THE ART AND SCIENCE OF WHAT WE EAT

約翰・麥奎德◎著
林東翰、張瓊懿、甘錫安◎譯
John McQuaid

目次

嗅球會把氣味、香味用另一種圖紋形式編碼，而我們會把這種編碼當成某種氣味，或是某個味道的一部分。進一步的研究顯示，大腦會把這種氣味影像進一步改善，加入對比，產生能夠以它們自己的方式辨認出來的鮮明圖案，這是大腦要分辨出這麼多氣味的一種方法。

代用糖的分子也能與甜味受體產生鍵結，但無法完全結合，就像一支鑰匙能插入鎖中，但無法轉到底開鎖一樣。這類糖能與澀味和苦味等其他受體結合，但味道還是不對，例如阿斯巴甜有少許金屬餘味，所以無法完全觸發大腦的愉悅線路。代用糖大多無法完全溶於水中，而且會黏在舌頭上，不會隨水而去，因此它們擁有很強的感覺衝擊力（阿斯巴甜的甜度是食糖的兩百倍），但味道往往也會殘留過久。

決定哪些食物噁心、哪些又是珍饈的規則，沒有生物上的基本原理，而是複雜社會的產物。這些社會提供了許多種食物，並且有足夠的條件可依據傳統劃定這類界線。

不潔感或許只是隱喻，但對大腦而言非常真實。研究人員證明，強迫疾患等心理疾病患者有過度噁心感，因此往往藉由洗手等重複行為，驅除這種汙染感。出現這類強烈混亂的噁心感時，社會必須設法加以處理。

人類不斷在嘗試新的口味、愛上新的味道。辣椒的興起意味著，人類還在發掘新的感官刺激味，持續拓展我們的味覺版圖。這當中的意涵相當複雜。人類的味覺和嗅覺與生理學之間有很密切的關聯，不管在新陳代謝、情緒和社交上，都扮演著重要的角色。突然闖進一種全新的味道，而且是以強烈而神祕的神經化學訊號刺激我們的大腦和身體時，會帶來什麼樣的衝擊呢？

口味平淡的馬鈴薯經過油炸，再加了鹽巴後，令人刮目相看。原本只是用來提

第一章
出錯的味覺圖

波林讓感官上的微小差異看起來變巨大了。他隨興繪成的圖表，成了著名的味覺圖的基礎，但後來的研究顯示，味覺圖不僅僅是誇大或錯誤詮釋而已——它根本就是錯的。

出錯的味覺圖 The Tongue Map

艾德溫・波林（Edwin Garrigues Boring）在他的心理學家生涯初期，常常拿自己當作人體實驗品。一九一四年他在康乃爾大學念研究所時，就曾經吞下餵食管來測量自己的食道與胃對於不同食物的反應，還切開過他自己前臂的一條神經，只為了記錄下該神經逐漸癒合的過程。一九二二年，就在波林開始哈佛大學的教職之前，他在一個雨夜被車撞了。因為顱骨骨折，他在醫院病床躺了六個月，還出現短期失憶的狀況，會忘記近幾分鐘內和訪客講過的話。波林康復之後，利用這次的親身經驗來分析知覺的本質，探討活在當下的人是否真的有意識。

波林曾因為「波林圖」（Boring figure）這幅新奇有趣的小圖而聲名大噪過；這個「波林圖」是一種錯視（optical illusion）現象，只要觀看的角度稍微改變，圖案會從老婦的臉變成年輕女人的頭，就看眼睛與心智的認知來決定。然而真正讓波林打下名號的，是他改變了心理學的普遍觀念。而前述的那種親自動手體驗過的感覺，在波林成為二十世紀最具影響力的心理學家的過程中，頗有助益。

他的工作剛開始時，這個領域像是各種學科的大雜燴，有哲學、治療和實驗室實驗，每個學科都有各自的方法與專業術語。哈佛大學舉足輕重，身在這有利地位上，波林推動心理學變成更一致、更嚴謹的學問，讓它更貼近科學方法。他堅信科學家有義務不斷地認真檢視與衡量自己的感覺，所有的發現要奠基在直接的觀察結果上——也就是「實證主義」（positivism）這種哲學原則。這門科學，是最有可能找到心理學渴望發掘的關於現實之真相的了。

不過，在波林的生涯中，要把這些信念落實到可以防止科學上的重大誤解時，他重重地栽了個跟頭。這次的失敗和味覺的性質有關。在一九四〇年代時，波林已經是個傑出的歷史學家，把現代心理學的出現與演變都予以編年記錄下來了。他在一九四二年的大作《實驗心理學歷史上的感覺與知覺》（*Sensation and Perception in the History of Experimental Psychology*）至今仍被視為人類感官的權威科學調查報告，這份調查還追溯至十七世紀牛頓爵士對於光與色彩的研究。

這本書厚達七百頁，但波林只用僅占二十五頁的一章探討了味覺與嗅覺。在裡頭，

「錯視」的知名例子：波林圖。

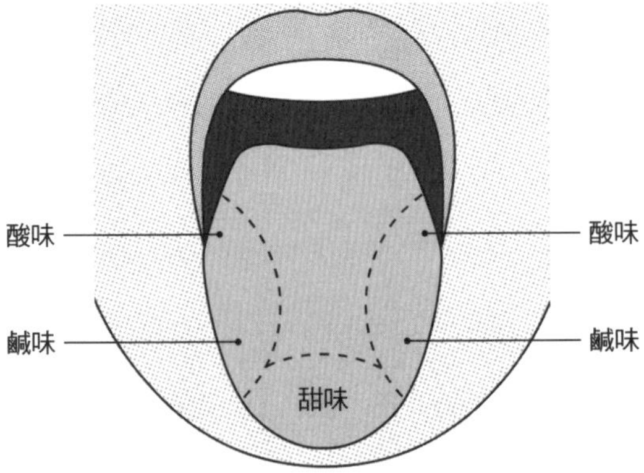

「味覺圖」流傳很久，深深影響全世界的料理領域，然而它根本是錯的。

他回顧了德國科學家大衛・P・哈尼格（David P Hänig）在一九〇一年完成的一項實驗。哈尼格把甜的、鹹的、苦的、酸的溶液（代表最基本的四種味道，食物風味的重要成分）塗在志願受測者舌頭的不同區域，然後要他們評比這些味道的相對強度。他發現，要察覺到每種味道的最低強度，會隨著舌頭邊緣四周的位置而變。比方說，舌尖比舌根對於甜味與鹹味更敏感。

這代表了什麼意義（如果有的話），並不是很明確，而且兩者的差異非常小。不過波林認為這種概念很有意思，還更進一步把它繪製成圖。他借用了哈尼格的研究資料數據，把這概念轉繪成圖表。圖表只是一種視覺輔助而已；圖表上沒有單位，而圖表上的曲線就算以印象派的觀點來看，也不算很精確——或許波林是要誇張闡述論點，也可能只是不經意地那樣做，不過結果就是——他讓感官上的微小差異看起來變巨大了。

這幅隨興繪成的圖表，成了著名的味覺圖的基礎，它把每種味覺分在幾個區域：舌尖標示為甜味，後端為苦味；沿著側邊，鹹味在近前端處，酸味則在其後；舌頭中間則是空白的。已經研究這種味覺圖的起源許久的心理學教授琳達・巴托沙克（Linda Bartoshuk）認為，它是「傳話」失真所產生的：一開始，波林把哈尼格的發現誇大了。

接下來研究者和教科書編者又錯誤解讀波林的圖，把圖中曲線的頂點用來標示舌頭的特定區域。最後一回合的混亂，產生了一幅比世界地圖各國國界還要更分明的味覺分界圖。

對於「舌頭會怎樣處理味道」這個大家再清楚不過的現象，味覺圖提出了一個簡單的解釋。教師們欣然接納了這個圖；每個年代的小學生，在專門設計來強調味覺圖的課堂實驗上，啜飲著摻了糖或鹽或檸檬汁或通寧水的水。就像防空演習或躲避球那樣，味覺圖也成了戰後美國學校上課時的一個特點，這也使得它在公眾印象中占了一席之地。

然而，被這些實驗、圖表等等所混淆的孩童，很可能比被啟發的還要多，因為有很多人發現舌頭各處嘗到的味道沒有多大的差異。就算味覺圖披著傳統智慧的外衣，但研究顯示，味覺圖不僅僅是誇大或錯誤詮釋而已——它根本就是錯的。

在一九七三年，匹茲堡大學的維吉妮雅・柯林斯（Virginia Collings）重複做了哈尼格的原始試驗。和哈尼格一樣，她也發現舌頭味覺圖上的味覺變動程度非常有限。到了二〇〇〇年代，更多先進的微生物試驗證明，在整個舌頭表面都感覺得到所有的五種味道（在二〇〇一年，鮮味〔umami〕被認定為第五種味道）。每個味蕾都分布著五種不同的受體蛋白（receptor protein）〔1〕，每一種受體蛋白都專門偵測一種基本味道分子。

波林不是只解釋哈尼格四十五年前的資料，他自己多少也做過味覺試驗，很可能早已注意到自己的圖表有不對勁的地方。然而，他卻提出了一個在歷史上更廣為流傳的錯誤科學資訊。

在最近幾年，這幅古早的味覺圖已經遠不如以往那般權威，不過在烹飪界的某些領域還是見得著它的身影，包括品嘗咖啡和紅酒品嘗，這些領域把傳統與延續性看得和科學同樣重要。奧地利玻璃器具設計家克勞斯・瑞德爾（Claus Riedel）利用味覺圖創作出來的紅酒杯，設計了獨特的曲線，目的是要讓你喝的每一口紅酒都能碰到舌頭的正確位置，以散發出完整的酒香。克勞斯・瑞德爾在二〇〇四年過世，之後，他的兒子與繼承人喬治・瑞德爾（Georg Riedel）坦承，科學證據讓味覺圖的說服力大打折扣，不過他們仍舊沿用酒杯的設計。

早在味覺圖的可信度備受質疑之前，波林就已經在一九六八年辭世了。他認為感官是了解心理與宇宙的要素，但反諷的是，他在了解其中一項感官的本質時，卻犯了個重大錯誤，要是他在世時味覺圖便遭受質疑，他顯然會覺得很難堪。這可不只是計算錯誤，

1〔編註〕受體位在細胞上的特定位置，通常由蛋白質、醣蛋白或多醣構成，可和特定分子或物質結合，並且引發特定細胞反應。

而是根本弄錯了人類共有的一種體驗。大家都知道，對甜味感到滿意會發出「嗯——」，也知道一小撮鹽和一大把鹽會造成食物味道截然不同。起司蛋糕會讓你的大腦突然覺得大樂。咖啡裡的複雜風味是全球風靡的味道。烹飪把整個文化概括成單一的感覺。僅有極少數事物，能把我們每日的存在變成不只是攸關生存，而是持續感覺愉悅，香味是其中之一。

為什麼會這樣？波林對他自己實證主義哲學的漠視，要用「只是無心之失」這種理由來解釋，似乎還不夠充分，畢竟實證主義哲學是他畢生事業奠基的礎石；由於味覺圖實際上完全無用，所以味覺圖實驗的趣味，也完全無法解釋為什麼它會流行得這麼長久。波林的錯誤或許是味道版的佛洛伊德式口誤，這明顯膚淺的錯誤反映出隱藏的矛盾。

造成這種迷惘的一個原因，是因為幾千年來，科學家與哲學家一直把味覺和香味看成不太值得研究的主題。

古希臘人認為味覺是最下等、最不雅的感官。視覺可以辨別出高檔藝術或情人的微笑，然而味覺的工作很簡單：就只是把食物和其他東西區分開來。希臘人認為味覺幹活時引發的誘惑會蒙蔽心智。柏拉圖在他的對話錄《蒂邁歐篇》（*Timaeus*）寫道，味覺是由「進入會通往心臟的舌頭小靜脈的土質粒子」的各種粗糙或滑順程度所造成的。心臟是較根本的身體感官的所在位置，而思想與理智則占據了大腦的「會議室」。當然，食物會直接送進肚子這個不受審議會議控制的脫韁飢餓怪獸：「肚子不會聽命於理智，而且會屈服於偶像與幻想的影響力。」

柏拉圖把他的教條付諸實行：在他的著作《會飲篇》（*Symposium*）裡，賓客齊聚參加宴會，卻為了保持頭腦清楚以討論愛的本質，而謝絕用餐和飲酒。

這些偏見形塑了幾個世紀以來我們對於感官的看法。德國哲學家康德（Immanuel Kant）在十八世紀就寫說，味道太過特殊了，不值得研究。就他看來，顯然沒有通用的原理可以支配味道，就像支配光線行為的那些原理。即使真的有那些原理，也沒辦法藉由觀察找出來，因為你沒辦法觀察人的心理。味覺總是讓我們摸不著頭緒。和康德同時代的大衛・休謨（David Hume）有不同的意見，他主張，對食物有好的品味這點，和對藝術及所有事物有好品味是息息相關的。不過，終究是康德他那更接近懷疑論的立場留傳了下來。

這些負面評價漏看了很多東西，而且它們反映出一定程度的不安。氣味具體表現了身為動物的基本野性，動物為了求生而吞食其他動物的血肉與植物，並且樂此不疲。在味道方面，文明的秩序一下子就消失無蹤，取而代之的是腥風血雨。要處理人類本性的這部分真的令人心力交瘁。吃與喝也和性一樣，是有強烈作用且令人不安的表現親密感方式，不過各有千秋罷了；畢竟，它們都是把東西吃進體內，一天好幾次，靠味道誘惑人。對於那些讓生命得以成真的古老、不撓的驅動力，味道是它們的一種意識的證明。佛洛伊德（Sigmund Freud）堅信，人生劇本的中心部分是來自性慾。但是追求食物（也會進行一種類似的「渴望、愉悅、釋放、滿足」循環）的動力，對於掌控我們的生活與動機，會持續一種更強而有力、更一致的控制。

研究味道的另一個問題在於，味覺現象會擴及人類身體、大腦、心理等許多層面，本來就神祕莫測。視覺、聽覺和觸覺是「有共通性」的感官。我們所有人都會看到（或是認為我們看到了）相同的顏色色差，聽到同樣的聲音，用指尖感覺到相同的質地。這樣一來讓科學家得到一個共通的參考系，用來進行實驗、蒐集資料，對這些現象以及察覺這些現象的感官的紀錄進行比較。

味道方面，就沒有這類共同的實際體驗了。和光線與聲音一樣，食物和飲料裡面的化學成分是客觀的、可量測的量。然而對味道的感受會因人而異、變化極大：有感覺纖細靈敏的，也有人感覺遲鈍。某些人愛得不得了的食物，可能其他人會嗤之以鼻。對食物的品味會隨著文化、地理位置，甚至是一個人的心情而變化。《唐吉軻德》（*Don*

Quixote）裡頭有個場景就描述了這些細微差異之處。他那個舉止大喇喇、忠心耿耿的隨從桑丘・潘薩（Sancho Panza），常對陌生人吹噓自己家族世代遺傳了很靈敏的上顎（血統優良的象徵）。他說了他兩個親戚在酒館評審好酒的故事。其中一人啜飲了一小口，在嘴裡快速漱了一下之後說，這酒很棒，只不過有一點點皮革的味道。另一人喝了一杯，他說，除了有點變質的輕微鐵味之外，這酒極優異。酒館常客嘲笑他的親戚，說他們不過是裝腔作勢，不過後來酒桶裡的酒喝光了之後，酒館老闆發現裡頭有把鐵製的鑰匙，掛在一條皮製帶子上。

對於味道的內在運作，這個潛藏在日常經驗外表底下、等著破繭而出的祕密世界，前面所提到的這類知覺上的差異，就提供了些許線索。不過，要找到味覺化學或味覺知覺的一般性原則之所以這麼困難，正好就是這樣的主觀性造成的。牛頓耗費多年時間做研究，好理解光線與色彩，並發現了光學的科學原理——證明白光並不是沒有顏色，而是由所有色光混合而成的（當然還有發現其他事實）。不過味覺這個研究領域就缺少了牛頓這號人物——沒有啟蒙時代科學家帶領這領域的革新，把它推上現代理解的道路上。

令人難以理解再加上不安定，讓味道與味覺研究在過去兩千年的絕大多數時間裡，一直淪落到科學界的邊緣化位置。古希臘人最早想出把「基本」味道當作不可約化的元素「味道原子」的觀念。其中一個最早試圖對味覺做出的解釋，是住在義大利半島的希臘城市克羅托內（Croton）的物理學家阿爾克邁翁（Alcmaeon），在西元前五百年到四百五十年間所寫的。他認為，舌頭就像眼睛那樣（還有鼻子和耳朵；不過不知道是什麼原因，觸覺沒有被算進去），有它自己的「通道」（poroi），會像駁船運送雙耳酒瓶那樣，把味覺的感覺傳送到大腦。這就是神經的作用。

西元前五世紀，古希臘哲學家德謨克利特（Democritus）則宣稱，對味道的感覺，要由個別原子（假設的物質最小單位）的形狀來決定：甜味原子是圓形而且比較大，所以會在舌頭上面到處滾動；鹽原子的形狀像等腰三角形；辛味原子是「球狀、薄形、有角且彎曲的」，很容易扯破舌頭表皮，藉由摩擦產生熱，這就可以解釋為什麼辛味會造成刺激感。

從那時候起直到現在，在大多數社會和文明裡，這種對於味道的觀念一直是主流，只有很微小的變化。

傳統的印度醫學「阿育吠陀」（Ayurveda，也就是梵語「長生之術」之意），就採用甜、酸、辛、苦、鹹和澀的味道組合來對付疾病。阿育吠陀減肥餐開出的食物種類為辛（火元素與氣元素的產物）或苦（氣元素和以太）的，以對抗過量的痰（土元素與水元素）。〔2〕十八世紀的瑞典植物學家卡爾・林奈（Carl Linnaeus）發明了物種命名與生物分類的現代科學系統，把基本味道分為甜、酸、苦、鹹、澀、嗆（sharp）、黏、油膩、平淡、水水和噁心。在味覺圖背後的「大自然把舌頭表面區域清楚地分成不同味覺區」這種概念，就是從這樣的傳統養成的。

味覺圖很簡單也很吸引人，就像十九世紀的顱相學（phrenology）圖解那樣，把各種不同的心智能力畫在顱骨的各個區域。然而近年來，關於味道那些一度很神祕、封閉的領域，已經開始開啟了。採用了新型工具與技術的科學家，已經讓我們能更深入了解味道是什麼，幫它擺脫在各種感官現象裡的次等地位，公正地放在人體生物學研究的前沿。

以前的哲學家所宣稱的「味道不會受科學檢驗查證影響」逐漸變成無實際意義。味道科學（flavor science）在二十世紀有大幅的進展；到二十一世紀目前為止，它更是以驚人的速度往前邁進。五種基本味道的受器已經都發現了，而且看來油脂味（fat）可能會被認定是第六種。把這套科學以及DNA與微生物學的新知識與腦部掃描結合起來，科學家開始能夠了解到心智、大腦與身體之間的關聯：你為什麼認為自己非得吃個起司

2〔編註〕阿育吠陀醫學認為，萬物都是由土、水、火、氣和空間（大氣，以太）這五大基本元素組成。

漢堡或喝杯紅酒。

本書要深入研究味道是什麼、是從哪裡出現的，以及它會朝哪裡去。內容會從地球上出現生命之初開始說到目前為止，並且要探索這種獨一無二的感官的結構，透過更精細複雜的身體、大腦與心智層級，從它的分子大小的基本組成開始。在數百萬年演化過程的每個階段裡，味道已經越來越深入也更複雜。它在新的方向上推動了演化，近來則是推動了人類文化與社會。它就好像一種石板，上面寫過、擦掉過、再寫上過人類的奮鬥、志向與失敗。我們的存在與我們的人性都是來自於它——而且，在某些方面，我們的未來也要靠它。

一九九八年三月，美國馬里蘭州貝塞斯達（Bethesda）的國立衛生研究院（National Institutes of Health，簡稱NIH）的科學家們發現，自己處在這些典範改變的其中一個進展的尖端。那時他們正在尋找「甜味受體」，那是在舌頭上的一種蛋白質，專門用來從嘴巴裡嚼碎的食物與飲料中抓取糖分子。從德謨克利特和阿爾克邁翁的時代經過兩千多年後，對於讓我們能夠把食物裡的分子排列轉化成感覺認知，最後還變成烹飪藝術的這種味覺機制，科學家終於接近了。

過去十多年來，遺傳科學已經有了驚人的進展。人類的DNA，這種在每個細胞細胞核內染色體發現的階梯狀螺旋體分子，科學家也首次全部解碼。人類基因組是由四種核苷酸配對組成的，總數有三十億之多；每一組配對（鹼基對）都會在階梯狀螺旋體上形成一段橫向連結。鹼基對的變異組合會形成一個編碼，定出人體的藍圖與人體的所有功能。每個人都有兩套這樣的藍圖，分別來自父母親。把捲起來的DNA拉直的話，單單一個細胞裡的DNA大概有一百八十公分長；如果把人體裡所有的DNA頭尾接起來，長度大概等於從地球到太陽七十多趟的距離。

隔離基因〔3〕已經讓科學家能夠找出疾病予以治療，而且更了解人類的演化過程。至今，遺傳學提供了一個把無形無色的味道予以數量化的方法，藉由追溯遺傳密碼的差異，來解釋其令人百思不解的歧異。鼻子內的嗅覺受體已經被隔離出來，並解開了它的遺傳密碼，這個成果後來贏得了諾貝爾獎。嗅覺受體比較容易找到，它的數量很多，而且集中在鼻腔頂端的一小塊組織裡，用一根棉花棒就可以從活人身上搜集到。

不過尋找味覺受體就拖了很久。

3〔原註〕用來執行特別的生物指令（像是製造人體的基本組成成分「蛋白質」）的分離的DNA片段。

科學家認為，在舌頭表面上有一種特定類型的蛋白質，不過也已經證明這些蛋白質幾乎不可能分離出來：不只是因為這些味覺偵測細胞相對稀少而難以著手，要從這些細胞誘發反應也很困難。人體有很多器官可以偵測到各種跡象，從體內的賀爾蒙到體外的熱、觸感、味道和氣味。這些反應大多數都很靈敏。要引出能夠偵測這種反應的受器產生反應〔4〕，只需要一點點的腎上腺素。但是味覺受體的靈敏度大概只有十萬分之一，這是因為它們會接觸到我們周遭世界的混亂物質。考慮到舌頭在一餐飯裡碰到的所有感官的數量和種類，如果每個食物分子都觸發了味覺受體，那麼大腦恐怕會過載。喝一小口可樂可能會像眼睛盯著太陽那樣。

在尼克．里巴（Nick Ryba）的率領下，國立衛生研究院的科學家終於突破重圍。他們一方面檢視味蕾細胞，一方面在基因組中一段又一段的尋找，希望找到和味覺受體蛋白對應的基因。他們先從大鼠、小鼠的味蕾細胞中的DNA著手，因為牠們的味覺和人類非常相似。重點是要找到正確的基因片段：一小段藏身在茫茫DNA序列中的特定基因密碼。有了它做為藍圖，他們就可以複製味覺受體，並進一步研究它的構造與運作模式。

沒多久時間，科學發展就讓切段、分割、分析這些一度無法判讀的分子鏈，成了稀鬆平常的事。國立衛生研究院的科學家也把味覺受體的稀有性變成優勢，找到了個好方法：他們利用一種技術，挑出了來自舌頭的罕見DNA片段，把它們和那些常見的DNA片段分別開來。這當中肯定會有和味覺相關的基因。接著，他們將這些DNA片段注射到嚙齒動物的味覺細胞。如果注射進去的DNA片段會和細胞內原有的DNA接上，那它就是味覺受體基因。簡單的說，就像把一個小娃兒放進一個房間，房間裡有一個你覺得可能是他母親的女人：如果他們互相擁抱了，就代表他們是有關係的。

這個方法果然奏效了：科學家先找到了半段嚙齒動物的甜味受體基因；很快的，又找出了另外半段，以及與它們相對應的人類甜味受體基因。這種雙基因模式意味著甜味受體是由兩個部分組成的，就像接在一起的兩節火車廂一樣。它們坐落在味覺細胞表面，共由七股糾纏在一塊的螺旋狀蛋白質構造組成，模樣詭異得有如恐怖小說作家霍華德・洛夫克拉夫特（Howard Phillips Lovecraft）作品裡的東西。其中一股蛋白質構造向外延

4〔編註〕相較於「受體」，「受器」是比較複雜的蛋白質分子，痛覺、壓覺、溫度等感覺「受器」是神經末梢特化而成，結構較為複雜。

伸，製造出一個攔截糖分子的空隙。一旦攔截到了，就會啟動電化學連鎖反應，將這個訊息送至大腦，引發一陣愉悅的感受。

在別的地方，則有科學家正著手解決一個以前很棘手的問題：味覺的主觀性。在發現甜味受體的多年之後，荷蘭格羅寧根大學（University of Groningen）的一項實驗裡，自願受試者躺在平台上嘴巴咬著接了長吸管的奶嘴，被推到一具磁振造影機（MRI）裡，在他們用吸管吸著苦苦的通寧水時，拍下他們大腦活動的連續影像。之後，讓他們觀看人們嘗了飲料味道出現臉孔扭曲反應的照片，然後掃描他們的大腦活動；接著，再讓他們閱讀故意要引起嫌惡或噁心的短文，再一次拍攝大腦活動影像。

這個由神經科學學家克里斯欽・奇瑟斯（Christian Keysers）主持的實驗，目的是要探索味覺和情緒之間的關係。在一九九〇年代期間，功能性磁振造影（fMRI）這種機器的出現，讓科學家可以看到，在一個人吃、喝、聞香味或閱讀（人的頭被固定住不動，卻還能夠完成的任何活動）的時候，大腦的哪一區活化了。

這種方法有許多限制。它證明了現實世界的活動與大腦神經元形成的弧形網絡之間是有關聯，但並不完全知道這些關聯的意義。不過它揭露了「舌頭上味覺的化學反應」與「意識本身」之間彼此相關，讓科學家了解到大腦是怎麼把味道從原始粗糙的感官處理成複雜的認知，讓他們得以對這種神祕難解的過程做出有根據的猜測。

他們的發現很奇怪。當自願受試者在故事中想像苦味，或是看到嫌惡皺眉表情的照片時，他們的大腦會體驗到「苦」的反應。在實驗的每個部分中，這些模式都會稍有不同，突出包圍大腦的其他部位，有了它自己的生命。味覺似乎成了像是想像力和情感這類更高等功能的基礎。

這個故事的下一個轉折還在書寫著；它取決於遲遲無法消散的特定謎團。味道仍舊弔詭得令人沮喪。和其他感官一樣的是，它是由基因所造成的；和其他感官不同的是，它會變來變去，由經驗與社會暗示（social cues）塑造出來，隨著你一生的歷程而改變。這種可塑性既無法控制也無法預測：人們可能會學到喜歡或討厭任何東西，這就是為什麼世界上味道的範圍會看似無限多，還有為什麼以前的那幅味覺圖毫無用處。

每個人都活在自己的味道世界裡；而這個世界在童年初期就成形，並隨著生命的進程而演變。個人的味道世界，是由古老的演化要件，遇上一輩子處理高能量食物、接收文化暗示與商業訊息，產生的衝擊所創造的。

我自己那相差兩歲的小孩，他們的對食物味道的偏好，顯然從他們開始吃固體食物的時候就開始了。哥哥馬修很喜歡極端的東西；他在學齡前就開始吃墨西哥辣椒，而且九歲時就喜歡上咖啡。他偶爾（通常在夏季）會拿顆檸檬或萊姆坐下，切成四瓣，撒上鹽巴，連果皮一起吃掉。妹妹漢娜喜愛清淡、豐富的口味，而且她吃的食物偏向白色或米色，像是：起司、米飯、馬鈴薯、義大利麵食、雞肉。她喜歡洋甘菊勝過咖啡，偏好牛奶巧克力多過黑巧克力。然而他們倆個都很挑食：他們知道自己喜歡吃什麼，而且幾乎離不開這些食物。要他們離開各自的舒適圈，嘗試一些新東西，一直是不可能的任務。

由於他們的食物品味背道而馳，而且只喜好某些範圍內的東西，因此我們上雜貨店購物或上餐廳吃飯，變成像是解魔術方塊難題似的；能夠讓大家都滿意的只有披薩。家裡的晚餐幾乎都是我做的，而且要讓一個星期裡只有變化不大、種類寥寥可數的相同菜色看起來不至於一成不變，也很勉強：給漢娜準備的是義大利麵、烤雞或炸雞塊，給馬修準備熱狗或四川辣醬蝦。我和我太太翠希（Trish）是比較喜歡新奇玩意兒的，只不過我們也得天天陪著吃這種沒啥變化的便利食品。

小孩子的胃口是個大熔爐，化學與文化的力量就在這個熔爐裡互相碰撞。「愛吃甜食」這個現代營養學和牙醫公認的禍端，對於孩童成長的影響相當關鍵。在新生嬰兒身上，糖所扮演的角色就像阿斯匹靈，可以減輕痛苦。位於費城的莫乃爾化學感官中心（The Monell Chemical Senses Center）這個專門研究味覺和嗅覺的智庫發現，對甜食喜好口味較重的孩童，體內和骨骼成長息息相關的賀爾蒙濃度也比較高。對甜食的渴望，會引導早年的人類幼童攝取水果和蜂蜜中珍貴的糖分，要是他們也喜歡酸味，那麼就會去攝取含有維生素C和維生素D的柑橘類水果。

挑食也可能是同一個時代遺留下的習慣，那時人類以小型的移居族群形式一起生活，而小孩子天性愛亂跑，加上拿到什麼東西就喜歡往嘴巴裡塞，因而時常面臨中毒的危險。到了今日，有限的食物攝取對於長期的健康來說是一種危險，最極端的挑食類型甚至已經被視為一種飲食失調行為，稱為「食物恐新症」（food neophobia）。

小孩子的口味很奇怪是因為他們就是怪異的生物。味覺和嗅覺的發展比其他感官還早，所以胎兒的感覺世界，幾乎完全是羊水裡的氣味和味道所構成的。這會產生一個長久持續的印象。在莫乃爾中心的另一項研究裡，在懷孕期間或哺乳期間會固定持續喝胡蘿蔔汁的女性，她們生下的小孩，往後會比較喜歡胡蘿蔔口味的燕麥片。

接著，在出生到兩、三歲期間，嬰幼兒的神經元突觸會從每個神經元約兩千五百個突觸，倍增到一萬五千個（成人則是八千到一萬個）。這會暫時把各種感官綁在一起。幼童的感覺是交叉重疊的，這就是為什麼先前的味道體驗喚起的記憶，不僅只有餐點，還有整個時期。當孩童漸長，經驗讓神經元的突觸逐漸減少，並且產生更好的感官連結。

在這段過程之中，小孩子的口味會有些時期比較保守，有些時期則愛嘗新、冒險。

在青少年那幾年，強烈的口味會隨著童年的生理需求和演化的必要性而變淡。一種更微妙的口味取而代之，然而原來的好惡並不會完全消失。這種弱化現象使得我們可以體驗到的口味範圍增加了，而且我們對食物記憶與聯想的容納量也加深了。從鼻子與嘴巴裡的化學反應中，一個突觸接著突觸，感覺大量湧出。同時，食物吸引住其他感官，探觸心智的學習、理解與鑑賞能力。事情就這樣反復來回：

心理塑造了味覺，而經驗形塑了心理。

這樣的對話，透過自生命首次發展出食慾以來的數十億頓飯，還會再繼續下去的。

有證據顯示用火烹食轉變了人類的生物學，而且有了用火烹食的能力，人類的味覺提供了較大的大腦所需要的，重要卡路里的增加量。

第二章
從古至今最關鍵的五餐飯

從古至今最關鍵的五餐飯
The Birth of Flavor in Five Meals

與味道有關的跡證，早在地球生命開始感覺到周遭世界的時候就出現了。海水裡從這些生物體旁邊漂過的養分，其味道就激發了牠們原始的神經系統。在接下來的數十億年裡，生命演化的過程中，已經吃過無數餐飯了。

我們現在的口味，就像俄羅斯套娃那樣，一層層包覆著以前的那些體驗。不論一個人的口味是怎麼培養起來的，或是一道菜裡的成分有多麼不易察覺，一個味道就能勾起久遠記憶中的原始衝動，這些原始衝動呼應著演化過程的轉折，與遠古時候為食物爭得你死我活的爭鬥。

接下來介紹的從古至今最重要的「五餐飯」，每一餐都是在演化史的重要轉折點發生，它們對於要解釋味覺從哪裡出現，以及智人的烹飪發明天賦從何處產生，大有幫助。

地球生命的第一口飯

這種小動物有些像金龜子，大約一吋長，有格紋狀的柔軟甲殼，會在海岸淺灘的沙子裡竄來竄去。接著牠能察覺到由氣味、振動與光線變化交織而成的破舊織毯。牠那蟲狀的獵物會往沙裡挖洞，企圖迴避閃躲到安全地點。不過為時已晚。掠食者用鉗狀的下顎把獵物扯開，吸進嘴裡、吞進食道，然後繼續牠的行程，尋找藏身處躲藏，讓食物消化。

四億八千萬年前的這一餐，證據是在一九八二年發現的。那一年，還是研究生的馬克・麥克孟納明（Mark McMenamin）為墨西哥政府調查索諾蘭沙漠（Sonoran Desert）的地質，在墨西哥索諾拉州圖桑市（Tucson）西南方約七十英里處的高山Cerro Rajón的山側進行挖掘（古代的海底現在變成在山頂上了）。他在一片灰綠色頁岩上注意到一個很微小的化石壓痕，當時他也沒有多想，就把那個壓痕從岩石上鑿下來，把它和其他那堆標本一起裝袋。

由未經訓練的人來看的話，那個化石只不過是大約四分之一吋長、隱隱約約的連續刮痕。當麥克孟納明把它拿回實驗室研究時，他辨認出那是三葉蟲的運動，刻畫在硬化泥漿上的爬痕。在動物界裡，三葉蟲幾乎要算是每種動物的老祖宗了：魚類、雙翅目、鳥類、人類。牠們在海床上留下無數化石，讓它們成了這種天然的歷史博物館裡的固定班底。很多化石有多節式外殼，看起來像是鱟和蜈蚣雜交的產物。這種化石的紋路圖樣很有名，甚至還有一個學名「多線皺飾蟲」（*Rusophycus multilineatus*）。麥克孟納明保留了這個化石，也在自己的博士論文裡寫到它。一直到二十多年後他擔任曼荷蓮學院（Mount Holyoke College）地質學教授、研究早期的生命演化過程之前，他都很少想到這件事。

後來麥克孟納明在看到他以前忽略掉的東西時，再一次檢查了那個化石。「它具有這種額外的特徵，不只是三葉蟲而已，緊鄰的另一個彎彎曲曲的軌跡化石也有這特徵。」他說：「這些東西很罕見。」他推斷，這個化石包含了兩種生物相遇的證據。另外的那道軌跡，就是一隻像蟲子那樣比較小的生物想要鑽進泥巴裡的證明。從這些記號的排列來看，顯然三葉蟲就在牠的正上方。麥克孟納明採用了「奧卡姆剃刀」（Occam's Razor）原理：最簡單的解釋，就是三葉蟲要挖洞找吃的東西。他寫道：這就是「第一口飯」的證據——是目前已知最古老的掠食者吞吃獵物的化石。

這一餐的味道如何？有可能想像出來嗎？

在那個時代（也就是寒武紀〔Cambrian Period〕）之前，就任何有意義的方面來看，味道是不存在的。地球上的生命大部分是由漂浮、過濾和光合作用組合而成。細菌、酵母和其他單細胞生物，藏身在花崗岩的溝紋裡或是砂粒之間。有些單細胞生物會湊在一起形成黏糊糊的細胞叢。管狀或碟狀的生物體會搭著洋流的順風車漂流。「吃」的意思是指吸收海水裡的營養成分。有時候某個生物體會包裹住另一個生物體。

接著，經過數千萬年——以地質學的時間尺度來說只是一瞬之間——海洋裡變成充滿各種新生物，包括三葉蟲，牠成了生命演化史上最成功的生物類別；牠們稱霸地球的時間持續超過兩億五千萬年。牠們大約是五億年前出現的，也就是我所知自然界真正開始的時間：有史以來第一次，生命開始有系統地吞吃掉其他生命。這些新生物和牠們的前身不一樣，牠們有嘴巴和消化道。牠們擁有較原始的大腦和感官，以偵測到明、暗、動作和洩漏形跡的化學特徵。牠們利用這種精巧的新工具來獵捕、殺掉獵物與填飽肚子。就像伍迪・艾倫（Woody Allen）電影《愛與死》（*Love and Death*）裡的角色鮑里斯（Boris）說的：「對我來說，嗯……我也不知道，大自然是蜘蛛與蟲子，以及大魚吃小魚。還有植物吃掉植物，動物吃……它就像一座巨大無比的餐廳。」

三葉蟲並沒有存活到現在，從那些化石也沒有辦法知道牠們神經系統的資訊，所以想要知道牠們的感官能力，得仰賴經過訓練的推測。確實，牠們可能完全沒辦法察覺像黑巧克力、葡萄酒這類複雜的氣味。人類的味道，即使是討厭的味道，都充滿細微之處，而且和其他氣味、過去的事件與感情，我們學到的經驗整體，都息息相關。很可能三葉蟲不會有「愉快」這類的感覺，而且僅能保留一點點殘存記憶。每一餐嘗起來的味道必定都差不多。而這一餐的特點一定是大多來自化解了飢餓感，以及攻擊的衝動。

還有，這些原始的氣味元素是一種相當了不起的演化成就，而人類的味道同樣具有這種相同的基本生理學構造。當然，這好比是拿小鳥比雞腿似的。不過，味道的基礎已經奠定了。

地球生活條件的某些重大改變，引發了這場掠食者與獵物間的重大變革，也就是「寒武紀大爆發」(Cambrian explosion)。科學家們對於它是什麼狀況並沒有共識。有一些科學家認為那是一場史前時代的全球暖化，融解了長期冰凍的兩極冰帽所造成的。海面上升達數百英尺，海水淹進內陸，淹過長了青苔與真菌的低矮山丘和岩石（樹、草和開花植物在當時都還沒出現），侵蝕出潟湖並塑造出沙洲與淺灘，創造出相當適合生命體生長繁殖的溫暖淺窪地。有些科學家描述這次大爆發是地球磁場方向改變，更有其他人指稱是突變的關係，這種突變會導致動作電位(action potential)出現，也就是讓神經細胞能遠距離溝通的能力，或是在DNA編碼上的其他偶然變化。

不管事件的精確順序是怎樣，在敏銳的感官與演化成功之間，已經建立起一個相當牢靠的連結。就在身體與神經系統適應了日益升高的威脅與機會之後，一場生物學上的武器競賽展開了。那些感官，一度只是「偵測與反應」的機制，為了引導出複雜的行為，必須發展得更有效果才行。

氣味成了這個過程的關鍵。從三葉蟲存在的時代到現在，覓食、獵捕和吃食物這些行為，推動了生命不斷地啟動，在我們人類的大腦與文化成就上登上顛峰。氣味更勝於視覺或聽覺或甚至是性，是人類的核心裡最重要的要素。它創造了我們。麥克孟納明說，最為諷刺的，就是世界上開始出現殺戮，並伴隨著難以言喻的痛苦，也發展出智能和知覺，最後產生了人類的意識。

甜麵包

無頜的盲鰻受到腐敗的氣味所吸引，一頭鑽進海洋生物的屍體裡，然後從裡到外狼吞虎嚥地吃著這些屍體。事實已經證明，這是個極成功的演化策略。無頜魚類是最早的脊椎動物，在四億五千萬年前出現，大約是在「第一口飯」之後三千萬年，而化石紀錄顯示，牠們從出現在地球那時候到現在都鮮少有變化。如果要比一比誰是「在地球上存活最久」的冠軍，牠們比蟑螂這個對手還早兩億年出現。盲鰻是外觀古怪的動物，身體像鰻魚，有著吸盤狀的嘴，常常被稱為活化石。人類是從盲鰻的古代遠親遺傳下來的；從牠的骨骼構造和行為可以稍微看出遠古時代的一些端倪，那時候大腦與感官之間的基本連結才剛開始建立。

對早期的掠食者三葉蟲來說，味覺和嗅覺實際上是沒有辦法區別的。但是在無頷魚類身上，這兩種感官被認為是不同分工的，而且一直到人類在地球出現之前，這兩種感官必定都未曾再度結合。味覺成為體內區域的守門人；而嗅覺卻是往外探索世界的感官。盲鰻游水穿過一個時常變動的氣味籠罩區域。腐臭味在牠們腦海裡形成了一幅四周環境的畫面：掠食者，潛在的同伴，牠們的下一餐。對人類來說，腐敗的氣味通常會引起噁心。不過這種反應是很主觀的。對於無頷魚類來說，那種氣味代表生存與滿足。

這種額外的感覺能力是從哪兒來的？有時候，基因碼的突變不只是改變身體而已——它們會添加功能進去。整個DNA串可以自己隨機複製；生物學上的指令執行的時候，該生物體會另外再得到一組東西。多餘無用的組織可能會致命，破壞身體的正常功能，不過在適當的環境下，它們可能會引發重要的演化驟變。原本的基因繼續做它既定的工作，而天擇就作用在複製出來的基因上，這些基因負責新任務，或是製造出新的人體器官。德國作家、自然學家歌德（Johann Wolfgang von Goethe）在十八世紀末就預示了這種強大的演化力量，猜測這些複製出來的部分可能會轉化成其他不同的東西。葉子的構造可能是花瓣的基礎。頭蓋骨可能是從脊椎骨改良演化而來的。

在無頜魚類身上，嗅覺受體複製之後，額外的受體會轉變成能偵測新氣味。牠們的嫡系祖先很可能僅有為數不多的嗅覺受體；盲鰻有超過二十幾個受體。在生命演化時，這種過程本身會重複很多次：有些動物擁有一千三百種嗅覺受體；人類的嗅覺受體超過三百種。

衝擊著第一代無頜魚類的那些新感覺，對於普通三葉蟲的大腦來說必定像是雜音。所以當盲鰻的嗅覺發展得更敏銳，牠的大腦會調整適應。嗅球，是所有動物的鼻子與大腦之間的中途站，會把氣味轉換成神經衝動（nerve impulse）。在盲鰻身上，從嗅球往上長出一種新的組織，就像從土裡冒出花朵那樣。這種組織是端腦（cerebrum）〔1〕的前身：它處理感官、知覺、運動和言語。在人類身上，相同的基因組仍會一起控制嗅覺器

1〔原註〕端腦是人類大腦最上面的部分，對於我們做的每件事賦予意識形式。

官與大腦基本構造的發展。幾乎從動物有鼻孔以來，嗅覺就已經是感覺與行動的生物貨幣。是人類的嗅覺讓氣味有了廣大的範圍與細微差異。作家普魯斯特（Marcel Proust）的小說《追憶似水年華》（法語：*À la recherche du temps perdu*），就是從瑪德蓮蛋糕泡在茶裡散發的氣味與味道激起的幻想；要是普魯斯特聽說人類的嗅覺與記憶之間的深層連結，是從在腐肉中覓食開始的，也許會嚇一大跳吧。

螞蟻舒芙蕾

大約兩億五千萬年前，全地球的「餐桌」突然間完全清空而且砍掉重練。西伯利亞大草原的一波火山爆發（可能是由流星撞擊引起的），噴出的岩漿覆蓋了近一百萬平方英里的土地。火山灰遮住陽光長達數千年。酸雨淋過地球表面。海洋與陸地的植物都死光了，大氣裡的二氧化碳越來越濃，使得大氣層裡幾乎不能呼吸。這次的突發劇變，稱為「二疊紀大滅絕」（Permian extinction），它滅絕了百分之九十的水生物種，和百分之七十的陸生物種（甚至連大多數通常能躲過這類災難的昆蟲也遭殃了）。這是生命史上最大的生物大滅絕，是兩億五千萬年以前的寒武紀大爆發的終結。

在這片荒蕪枯竭的地表上，漫步著兩種相當不同的動物：恐龍，以及看起來像長毛的小蜥蜴的生物。這個故事的輪廓似曾相識：恐龍主宰著地球，直到牠們的時代結束；不過早期的哺乳動物避得遠遠的，等著輪到牠們的時代來臨。不過，在哺乳動物躲藏的陰暗處與洞穴裡，另一個故事正要展開。

其中有一種原始哺乳動物摩爾根獸（*Morganucodon oebleri*），存活在三疊紀大滅絕之後、大約五千萬年前。摩爾根獸長得並不討喜：牠產卵，有著長長的鼻口部，步態慢條斯理，算是爬蟲類動物。牠有一些哺乳動物的特徵：有毛皮、溫血、在下顎有關節。不過，讓摩爾根獸更接近哺乳動物陣營的真正因素，是牠具備更強大的知覺，這使得牠不懈且無止盡地獵捕食物，為了食物和強烈的滿足，牠們發展出複雜的策略——這是激起人類崇高烹飪熱情的最初動力。

摩爾根獸只有一丁點大，比人的手指還短，不過牠整個身體對世界的反應很迅速。在同一個時刻裡，牠可以記下一百英尺外一隻小蜥蜴的氣味，下一個隆起處的白蟻蟻丘，以及一隻跨過沼澤的恐龍。牠的眼睛可以在暗處監視掠食者。牠還能藉由自己毛皮上面氣流的細微變化，來察覺附近其他動物的移動。鬍鬚則有助於讓牠下探到草叢尋找食物。牠往往找得到要找的東西：通往蟻丘的路徑，腐爛的樹幹底下的蠕蟲和幼蟲、快速通過牠路徑的更小的哺乳動物。用餐時間，在初期的時代要做的就只是填飽肚子、封起飢餓的無底洞，到了現在焦點則偏重在口裡精緻的感覺，提供接近大地的味道和快感的線索。

這是食腐動物的世界。摩爾根獸如果無法快速有效率地攫取、食用和消化食物，就會死亡——不是活活餓死，不然就是變成恐龍的點心。哺乳動物是溫血動物，反映了這種無路可退的處境，以及每一餐的那種明確的迫切。屬於冷血動物的恐龍，可以根據天氣多冷或多熱來變動進食與休息的節奏，以節省能量。哺乳動物維持體溫的新陳代謝需要更多的熱量（現代哺乳動物在休息時消耗的熱量，是同大小的爬蟲動物的七到十倍），因而必須持續地獵食，而且要精通熟練。隨時間流逝，恐龍長得越來越大的時候，哺乳動物就得耗費更多能量來躲避牠們。

為了想辦法應付這些難題，於是牠們演化出了新的大腦構造。

在人類身上，新皮質是覆蓋在大腦其他部分的灰質外層（「皮質」一詞在拉丁文是指「外皮」）。只有哺乳動物有新皮質，而且大多數都很平滑；只有人類和猿類的新皮質，具有能夠大幅增加表面積的特殊溝槽與皺摺，也因此能大幅提高處理能力。我們大多數的意識感覺，都是由新皮質的構造負責的，這些感覺裡包含了味道。感情、衝動和印象，就是在這個地方化成知覺並刺激我們行動。

但是早期哺乳動物的新皮質最重要的工作，是成為生活經驗地圖，記錄氣味、同伴、威脅和食物——什麼東西好吃而且能填飽肚子，能在哪裡找到這種食物，以及取得這種食物要用什麼戰術。現今由緊密交織的感覺、記憶與行為策略的神經模式所組成的味道，會藉由新的經驗不斷地更新與重新塑造。

美國德州大學古脊椎動物學實驗室（vertebrate paleontology lab）主任提姆・羅威（Tim Lowe）在調查研究早期哺乳動物大腦的出現時，碰到了一個嚴重的問題：幾乎沒有任何證據可以檢驗。大腦組織不會變成化石。很多早期哺乳動物軟骨組成的柔軟頭蓋骨，也不會變成化石。摩爾根獸以及後來的一些近親有硬骨的頭骨，不過牠們留下的化石太微小了，而且因為年代太久遠，可能連稍稍輕碰都會把它弄碎。不過羅威發明了一種聰明的做法，避開了這個難題。

在一九九七年，他開始採用電腦斷層掃瞄器（CT scanner）來製作隕石的三維影像。一開始這些三維影像很粗糙，不過隨著二〇〇〇年代電腦運算能力呈等比增加，羅威可以模擬的物體就越來越小，而重點擺在早期哺乳動物的化石。他獲准掃描一個摩爾根獸的頭骨。就像麥克孟納明發現的那獨創性的一口，羅威從這些堆放在架子上許久的舊化石裡頭，也發現了新東西。

這次這個化石是放在哈佛大學的一個實驗室箱子裡，早前的二十年羅威都在此地自己處理這個化石。現在，他輕輕地把化石放在電腦斷層掃瞄器裡的小檯子上。它轉動著，經過五、六個小時的過程之後，掃描器一個體素（voxel）一個體素地製作出該頭骨的影像。〔2〕一旦影像完成，羅威就可以把一吋長的頭骨放大到像農舍的大小，研究骨頭裡每個極微小的凸起和褶紋，並且拿它和古代與現代頭骨進行交叉對照。羅威建立了一個符合頭骨大小的大腦模型，和一幅生命處在變革轉捩點的景象。

和身體尺寸對比之下，該化石的大腦要比摩爾根獸嫡系祖先的大腦大了百分之五十；這樣的成長可以用來解釋牠那越來越靈敏、更廣泛的嗅覺。初期的哺乳動物可能擁有超過一千個獨特的嗅覺受體基因，這使得牠們對於氣味的敏感度要遠比恐龍強得多；恐龍的嗅覺受體基因可能只有一百多個。羅威的成品顯示，這只是「嗅覺的大腦」成長的大衝擊裡的第一次衝擊而已。

他掃描了另一個屬於吳氏巨顱獸（*Hadrocodium wui*）這個物種的化石頭骨，牠算是摩爾根獸的遠親，存活年代大約比摩爾根獸晚了一千萬年（兩者的化石都是在中國發現的）。吳氏巨顱獸的頭骨只有三分之一英吋長，碎成幾十塊極細小的碎片。不過經過掃描並實際重新組合之後，它呈現出一個幾乎充滿新神經與知覺的大腦。牠整體比較大，而且牠的新皮質更複雜，處理所有感官並組織起來的能力也更強。牠的頭骨底部脊髓凸出，這意味著在身體和大腦之間有更複雜的連結，而且比牠的前身移動速度更快，行動也更優雅。

這種劃時代變遷所產生的回響，在現今所有哺乳動物的胎兒發育一直持續著。哺乳動物胎兒的大腦新皮質最早發展的部分，是代表嘴和舌頭的區域，因為那是哺育胎兒讓牠活下來的重要角色。它最早處理的感官是溫暖度、氣味、甜味，以及對母乳的滿足感。最早的哺乳動物有長長的鼻口部與強而有力的嘴唇，還有發展完全的鬍鬚。嘴巴和鼻子變成不只是用來追蹤食物的生理工具，它們還讓食物變成所有生命體驗的焦點。在食腐動物的大獵食行動中，要靠嘴巴和鼻子來帶頭。

2〔原註〕體素又稱體積像素；相當於三維的像素，是三維成像的最小單位。

水果沙拉

那只是一道橘色的閃爍光影，不過卻能穿過層層綠葉縫隙。大約兩千萬年前生活在非洲叢林的猴群，已經嚼著乏味的食物好一陣子了：這些食物主要是葉子、味苦的樹根，還有蟲子加上些許辛辣的漿果。突然間，好像出現了很不錯的東西。當牠們爬過樹枝，視線受到了限制，眼前卻出現了更多橘色的點點光影。牠們跳躍著，一齊盪到正確的地點。

猴群的世界也就只有幾平方英里大小，面積可能和摩爾根獸的活動範圍差不多。牠們都在近似的環境裡演化——在滅絕恐龍的生態大浩劫出現之前，靠食腐維生，躲著掠食者；一顆巨大的流星撞擊了猶加敦半島（Yucatán Peninsula）海岸[3]，造成這場滅絕恐龍的大災難。但是有兩點重要的差異。我們的祖先以往是在地面上獵食，這時是向上發展爬到樹上。此時的獵食活動占據的是三維的空間，而不是二維的平面，而且還有新型態的視覺，配上了縱深感，加上生動的色彩。這樣的進展把視覺和味道的距離拉得更貼近。伊甸園裡最先引起夏娃注意的，想必就是禁果的鮮明顏色，這一點對於現在我們用的餐點還是一樣。顏色、形狀和食物的排列會吸引人的眼光，而且能促進食慾。

大多數的哺乳動物具有雙色視覺：牠們的視網膜（在眼球後方感應影像的區域）包含兩種特化的感應細胞，叫做視錐細胞，含有能偵測到藍、紅波長光線的受器。具有雙色視覺的動物可以分辨約一萬種色相。不過在大約兩千三百萬年前，某種猴類身上發生了基因複製。受影響的那些猴子，接收到三分之一能調適光譜黃光帶的視錐細胞。更早以前的哺乳動物所看到的單調灰色調的色相，現在變成紫、粉紅、天藍、淡紫、藍綠、珊瑚紅這些顏色。紅色系變得更深更精細，綠色系變得更柔和更多變化。具有這種強化視力的靈長目動物——目前包括某些猴類的物種（不是全部）、所有猿類、人類——可以偵測到最多一百萬種顏色。（鳥類有四種視錐細胞，看得到的色彩更眩目迷人、更豐富。）

要在叢林背景下發現水果很困難，就像讀《威利在哪裡？》繪本一樣：眼睛和大腦必須從具絕對多數的色相當中，察覺出與眾不同的顏色。在一九九〇年代，劍橋大學神經科學家班奈迪特・黎根（Benedict Regan）與約翰・莫倫（John Mollon）開始測試水果視覺假說。他們把焦點擺在法屬圭亞那叢林裡的紅吼猴（red howler monkey）。三色視覺彷彿

3〔編註〕猶加敦半島位於今日中美洲北部、墨西哥東南部。

要證明它本身的演化效力似的，大約在一千三百萬年前的美洲吼猴身上再度單獨出現。要解釋三色視覺為什麼在演化上這麼成功，也只能靠猜測，不過還是有一個明顯的可能解釋：彩色視覺有助於靈長目動物辨認出成熟的水果。

吼猴偏好「*Chrysophyllum lucentifolium*」這種金葉樹[4]的果實，它的果實有堅硬的果皮，吼猴得用牙齒咬開，它的大種子則是能夠通過吼猴的消化系統。它們熟成時呈現豐富的紅、橙色調，在周圍綠色背景襯托下是很理想的對比。一隊研究人員在低溼雨林紮營了好幾天，他們頭上一百英尺處有濃密的樹葉遮蓋著。他們在猴群爬上樹梢的時候跟著上去，收集牠們摘下、吃過，然後丟棄的水果做為樣本。

科學家利用光譜儀測量植物顏色的波長後發現，吼猴視網膜的色素，幾乎像是為了讓牠們認出藏在葉子裡的黃色熟果而量身打造的。這點很明顯不是偶然，因為金葉樹果實的顏色只占了光譜帶裡很窄的部分。似乎天擇已經很巧妙地把兩方調整得很搭配，製造了雙贏局面：猴子有果子可以吃，而果樹得到把種子散播出去的方法。（或許其他食物也占了一席之地：在某些靈長目動物身上，三色視覺也許已經演化成可以在果實缺乏的時候，在綠葉叢裡發現有營養的紅色嫩葉。）

總之，彩色果實並非只是一種稀少、美味的佳餚，甚至也不是飲食金字塔裡的重要角色。它只是一個較廣泛的生存策略的一部分。這些猴子祖先的夜間時段活動，此時已經變成在日間時段進行了。在白天光線下，在樹木的高處上，色彩就取代了氣味。在智力與意識的發展上相當重要的嗅覺，這時變弱了。現在是靠視覺打前鋒。從某種感官偏向另一種感官的這種狀況，都記錄到基因裡了：具有三色視覺的靈長目動物，比沒有三色視覺的靈長目少了許多有作用的嗅覺受體，也就是說，牠們能探測到的氣味比較少。

雨林與叢林充滿可食用的葉子，不過果樹就比較分散了，而且有些果樹只在一年當中的特定時間結果。要生存得靠某種程度的規劃。動物為了能持續吃到東西，必須記住最好的果樹在哪裡、什麼時候會結出可以吃的果實。水果是真正的獎賞，而且要靠聰明才智才能得到。吃水果的黑猩猩、蝙蝠與鸚鵡，大腦和身體的相對比例，分別比吃葉子的大猩猩、食蟲的蝙蝠與其他大多數鳥類還要來得大。

古代猴不像獨來獨往的摩爾根獸，牠們會整個猴群一起移動和作業，用聲音、眼神和手勢來溝通。這時候較優異的視力也大有幫助。牠們的眼睛是位在頭部的前面，這使牠們具有三維的視覺——奇怪的是，眼睛這樣子分布是食肉動物的典型，食腐動物就不

4〔編註〕金葉樹（*Chrysophyllum*）在台灣又有「星蘋果樹」之稱。

會是這樣。這樣子能讓可能的獵物擺在視野的中央，如此牠們就可以很快認出獵物，評估勝算並發動攻擊。不過對靈長目來說，縱深感讓牠們更容易辨認出行蹤隱匿、有保護色的掠食者的動作，並且藉由低照度的樹枝網路來快速移動，此刻若踏錯一步，就很有可能送命。每個個體只有一雙眼睛，視線焦點對著前方，牠的生存機會就得仰賴整個團體集體行動，用多雙眼睛盯著各個方向。

在獵捕的需求上，表情比較豐富的臉，勢必也會比較占優勢。猿類與人類的大腦視覺皮質與身體大小的相對比例，要比其他哺乳動物的相對比例還要大，而且負責做出表情的神經中樞也比較大。所有哺乳動物表現出的恐懼、噁心、愉悅等生硬表情，不再只是出於不隨意反射，而加上了個體細膩之處的各種層次。一個目光交會就可以傳達很多東西。就像海軍陸戰隊樂隊那樣，猴群會像食物採集單位那樣發揮作用，從牠們的集體覓食，就可以預見現今的團體聚餐。

烤魚佐橄欖；燜羚羊肉

在某座湖邊緣附近的一個玄武岩洞穴系統裡，早期的人類建造了一個用石頭圍成圈狀的爐床。他們的社會四周有許多東西：湖裡有鯰魚、非洲鯽和鯉魚魚群；沙地上有螃蟹跑來跑去；烏龜慢條斯理地晃著。附近的山坡，有野生橄欖和葡萄等著人來摘。女人和小孩會採集食物，把食物丟進火裡。他們看著食物烤焦、裂開，然後用棍子把食物撥出來，急著把最好吃的部分放進嘴裡燙傷舌頭，品嘗著有一點一點烤焦的魚肉和水果。有時候男人會追蹤、獵殺其他動物以取得肉類，只不過他們比較常找到的是殘骸，一些剛被其他掠食者殺死的鹿或象所剩下的肉塊。他們切下肉的部分用火烤，滴下的獸血和油脂被烤得滋滋作響。

大約從一百萬年前開始，智人的某些近親族群就住在這個營地，位在現今以色列胡拉谷（Hula Valley）的 Gesher Benot Ya'aqov 洞穴。這是個很舒適的地點，受到可以冷卻沙漠氣候的群山包圍著。山泉冒出新鮮的水，流進正好在南邊的一條河流。一直到大約七十八萬年前的一場泥石流或洞穴坍塌把這個營地掩埋為止，這些族群在那裡定居數萬年之久。一九三五年，耶路撒冷希伯來大學的考古學家發現了這個洞穴，並展開長達數十年、仔仔細細的挖掘工作。他們揭開了史前時代飲食的驚人故事，以及「味道是怎麼從地球的動物起源裡出現」的一幅縮影。

挖掘人員掀開焚燒過的燧石碎片堆，以及楑樹、橡樹與橄欖樹枝燒焦後留下的炭塊與灰燼。考古學家奈瑪・戈倫茵巴（Naama Goren-Inbar）在一九九〇年代研究這些殘餘物之後，推斷這些焚燒情形可能不是無預警的野火造成的。雷擊造成的火災會短暫地燒過寬闊的區域，而且溫度比人為生的火還低，因為人類生火會小心翼翼地想辦法把熱量集中。那些食物曾經用高溫燒烤過。Gesher Benot Ya'aqov 洞穴居民已經達成普羅米修斯的理想了：他們有能力用火。

他們用火來煮食。在主爐台區也發現了焚燒過的穀物外殼與橡實殼。洞穴居民烤過多刺的睡蓮種子、荸薺、橄欖、野生葡萄和奶薊；還有烹煮過的魚骨和蟹螯，也有鹿、象及其他動物的骨頭殘骸。準備食物時要用到的整套工具裡，火是唯一最有效率的工具：這些早期人類是有廚房的。有一塊地方專門用來去掉魚內臟；用來處理核果的地方有鍾石和有凹洞的石砧，在烤橡果之前，就是用這種石砧做為底座把果殼敲破。在附近還有許多石砧，是用來製作燧石工具的。

他們本身的遺骸並沒有被發現（可能經過一百萬年所以分解掉了，或者可能被埋在其他地方），所以正確的說，我們並不清楚這些早期的人類是什麼人種。他們或許屬於直立人，直立人的大腦大小差不多是現代人的百分之七十五，而且有製作工具的能力。

直立人在這個時期已經移居離開非洲，在大約三十萬年前從地球消失以前，移居範圍遠達高加索地區進入東亞。或者，他們是現代人類的另一個前身，只是還不知道而已。不管哪一種，這些人類和他們的嫡系祖先完全不一樣。

「他們相當令人刮目相看，也可以說相當現代化。」戈倫茵巴說：「他們知道許多動物的生活週期，還有牠們喝水、進食和社會習慣。他們知道要吃什麼植物，知道要去哪裡找原材料像是玄武岩、石灰岩和燧石等，來製造石器工具。那些材料差別相當大，他們得去不同的地方撿拾。甚至連它們的斷裂力學也非常不同，所以用每一種材料製作工具都需要不同的技巧。總而言之，它們很精細複雜。」

經過數百萬年（在生命史上也不過是一瞬間而已），住在樹上的猿類演化成會製造工具、會說話、有自我意識的生命體。Gesher Benot Ya'aqov 洞穴遺址為這種轉變提供了一個引人思索的簡短樣貌，在這個轉變過程中，味道、氣味、視界、聲音和觸感合併到了我們自己的味覺裡——這是一種新型的知覺，有助於人類型態和人類文化的誕生。

人類的演化，和寒武紀大爆發時、以及期間的許多次大爆發時所發生的狀況，有些類似：無止境地尋找下一餐，身體變得更靈活，理解力越來越清晰，大腦變更大，行為更複雜——感受到的風味也更豐富。不過，每個物種際遇各有不同，都有各自的一套演化條件所產生的味覺。我們的猴子祖先大口啃著水果時，天擇把其他哺乳動物的味覺推往完全不同的方向。

在陸地上演化出來的鯨和海豚，在牠們遷徙進入海洋的時候，就失去品嘗出甜味、苦味、酸味和鮮味的能力了，只剩下對鹹味較有感覺——或許是因為牠們大多把魚整條吞下，不需要品嘗魚的滋味。貓由於是肉食動物，所以逐漸對甜味沒有感覺。而當熊貓的祖先棄肉食改吃竹子之後，可能就再也嘗不出鮮味了。人類的出現是一件不得了的大事，是一連串不可能的轉折所造成的。如果地理位置、棲息地、天擇以及純粹的運氣沒有剛剛好一起到位，人類就不會在地球出現。

這些狀況確實的發生方式，到現在還是一團謎，不過在考古學記載上還是有些線索，我們自己的身體構造與行為也有跡可尋。其中一個重要因素，就是幾乎不曾間斷的混沌。早期的人類生活在一個時常屈服在他們腳下的生態險境裡。大約在兩千三百萬年前，猴類開始演化出三色視覺的那個時期，非洲大陸震動並分裂開。斷層上的地面塌陷，兩邊隆起的高原阻止了雨雲經過。這個因素以及其他氣候變遷，造成非洲叢林乾旱，把叢林撕裂得像一塊掉落的拼圖。雨林裡，猴類與猿類賴以維生的水果、核果、樹葉與昆蟲這些食腐動物的綜合大餐，也被打散得越來越遠，被危險的開闊空間分隔開來。天擇進行得過快；在這種多變的環境之下，古人類分支出來數十種人種。

• • •

大約兩百萬年前，一名青少年男性和一名年長女性腳下的地面分開了（事實上我們不知道他們當時是否在一起，或者這事件是分別發生在他們各自身上）。他們都被拋到這個最後形成的沉洞裡，下墜了數十英尺，掉進一個圓頂的房間。他們重重落在其他動物的骨頭與腐爛屍體上。隨著時間，他們的遺骸被一層層砂粒狀、水泥般的泥土包覆並保存下來。

二〇〇八年，南非約翰尼斯堡城外，白雲石丘陵的一處考古探勘場址附近，九歲的馬修・柏格（Matthew Berger）在追逐著他的小狗，結果被一塊木頭絆倒。「老爸，我發現一塊化石！」他對著父親李・柏格大喊；那塊化石是青少年男性的骨骸，身高大約四尺二寸。李是古人類學家，他很快又發現了幾塊女性的遺骨。這是該人種第一次被發現，定年之後發現其年代剛好還不到兩百萬年，並且把他們取名為「南方古猿源泉種」（*Australopithecus sediba*，在當地的北索托語裡，*sediba* 意為「噴泉」或「泉源」）。

南猿（australopithecine）是遺傳自人類最古早的祖先，在馬拉帕化石（Malapa fossils；就是前一段提到的柏格父子發現的化石）的年代的數百萬年以前，從猿類譜系分支出來的。與它有關聯的南方古猿阿法種（*Australopithecus afarensis*）的「露西」（Lucy），是這類化石當中最有名的；她的骨骸已經有三千一百八十萬年歷史，是一九七四年在衣索比亞發現的。「露西」以直立姿勢行走，不過她有長手臂和有力的雙手能夠抓住樹枝。

那一對南方古猿源泉種的人類，活在露西的年代的一百萬年後。他們具備大腦比較大、身體更敏捷這些後來的人種所具有的特點。然而奇怪的是，對於食物他們反而走了回頭路，停留在變革的門檻之前，似乎沒有辦法跨越。有鑑於他們的年代，這些化石異常地完整而且毫無遮掩，而且在遺骸當中還有牙齒保存得幾近完美的下顎斷片。警匪片的觀眾都知道，從牙醫紀錄都能看出一些端倪，像是：牙齒的主人吃什麼食物、怎麼吃，以及他們的身分。

為了重現兩百萬年前的那份菜單，德國萊比錫馬克斯・普朗克演化人類學研究所（Max Planck Institute for Evolutionary Anthropology）的古生物學家阿曼達・亨利（Amanda Henry）所帶領的科學家們，分析了牙齒上的殘渣。牙齒上的牙斑洩漏了各種食物留下的蹤跡，那是名叫植矽體的植物性物質形成的極細微斑點（植矽體正如其名，也就是希臘語的「植物－石頭」之意，是植物從土壤裡吸收、擴散到細胞裡的二氧化矽所組成的。植物爛掉的時候，植矽體還會留下，為細胞提供了可供識別的殘留影像）。

阿曼達・亨利原本預料這對男女以熱帶大草原的食物為主食，倚重在草和樹根，和他們居住的環境一致。不過在分析他們牙齒上的一些牙垢之後，結果讓她大感意外。南方古猿源泉種的飲食幾乎完全來自越來越少的雨林，這些食物含有不同於熱帶大草原粗食物的碳同位素：有硬殼的核果，從灌木採下的闊葉，以及在雨林遮蔽之下長得低矮的蘆葦；他們還會從小樹扒下樹皮，拿來像史前時代的牛肉乾那樣嚼著。他們有時候會吃水果，不過要找到這類果子的機會相當稀少。吃最多的應該是苦的、葉子和香草的味道。

這是個味覺的謎團。他們可以在覺得合適的任何時刻，去大草原四處覓食。為了持續吃到雨林的食物，他們勢必得出遠門，穿過大片草地，對草地上的食物視而不見。在某種程度上，這樣的飲食是一種選擇。也許是他們討厭草原食物的味道和口感。其他群體的行為有不一樣嗎？這個團體後來有改變它的行為，或者在它喜歡的食物耗盡時死亡嗎？一想到這個物種把它剛出現的智能，用來維持熟悉常見卻越來越清苦的飲食，彷彿是忘了它求生存的關鍵，就覺得悲哀。

「轉換棲息地」迫使人類的演化走往一條不太可能發生的路線。食物來源越來越不穩定，距離也越來越遠，所以身體得變得更挺直、更纖瘦、更有機動性。為了設想出更複雜的策略來取得食物，所以大腦變得較大。但是這兩種趨勢是互相衝突的。

和人類最接近的近親黑猩猩相比，人類的身體是極其易碎的器皿。黑猩猩有較大的內臟，較大較有力的下顎，嘴巴打開可以達到人類嘴巴的兩倍大。人類那較小的下顎和臉部，可以追溯到兩百四十萬年前的一個突變的基因，這個基因產生了肌球蛋白這種肌肉蛋白質，也產生較弱小、較纖細的肌肉。人類的內臟也比較小，但是大腦比較大，而且需求很高——成人的大腦要消耗掉全身能量的四分之一左右（其他靈長目動物只需要十分之一）。理論上，這樣的身體構造看起來像糟糕透頂的搭配。黑猩猩每天必須花好幾個小時不停嚼食，來維持身體機能。那我們的祖先要怎麼吃，才足夠存活下來呢？

智人的身體只依照一個首要原則來運作：較大的大腦來協助人類製作出更好、更美味的食物。我們的祖先用技巧性的狩獵能力與烹飪技術，來彌補生理上的弱勢。

一九三〇年代，傳奇人類學家路易斯與瑪麗・李奇夫妻（Louis and Mary Leakey）在肯亞的奧杜威峽谷（Olduvai Gorge）挖掘出一批化石，這批化石說明了兩百餘萬年來的這些人類演化進展。在南猿的時代以及更早之前，最早期的工具是摸索找到的光滑石英和奧莫河（Omo River）鵝卵石的玄武岩，加以敲碎、敲擊來製作平坦的表面，讓它可以用來搗食物。後來更複雜的人種出現，就發展出一種技術：把岩石加以削切，製造出有凹槽與鋒刃、別具特色的鏟子狀石片。這樣的工具可以用來切東西和刮東西，它們最明顯的用途就是宰殺動物，而挖掘人員也發現，石器工具和獸骨上頭有切刻和敲擊的記號。

對於我們這個屬於「人屬」的成員來說，肉類變成了主食。這點永遠改變了飲食。野生獵物不像工業製造的肉類那樣既多汁又多油脂，它的肉質極為強韌。把肉切過、變嫩才有可能吃更多的獵物。有了這新工具，富含澱粉的塊根食物這類重要的主食，也可以切片或是搗碎。換句話說，食物在吃第一口之前就已經「消化」部分了。到現在，吃東西未必要持續咀嚼，而餐點從頭到尾變得更簡短，充滿強烈的各種味道：開胃菜、生肉的鮮味、血裡面鐵的苦味、油脂的厚重味、腦髓和腰子的奇怪複雜味道。

接下來，火出現了。一切可能是這樣開始的：

一場雷擊引燃了大草原的灌木叢，微風送出一道火牆掃過草原。動物們驚慌莫名，往四面八方逃竄，眼神因恐懼而發狂。不過一回生二回熟，幾乎人類的眼睛都能從遠方判斷這種場面。他們已經看過很多次了。他們會估算風和火焰前進的方向，並且一起移動前進，來到地面上稍微隆起的地方尋找較佳的視野。火光掃過的時候，他們勢必感覺到了臉上和胸口上的熱氣，並感到一陣激動。他們一邊等著燒過的東西冷卻，一邊檢查火災之後的焦黑物，搜索地面和灌木叢找吃的。被燒得滿目瘡痍的無花果樹枝和核果四處散落地面，它們的外殼因高熱而裂開了。或許人群裡的某個人清掃了一些核果，並且拿了一個來試滋味。果肉變軟了，焦炭底下烤過的油脂的味道、濃郁感美味極了。在附近，其他人也吃了烤過的無花果，溫熱的果汁從雙頰流下。

上面的描述，是根據靈長類動物學家吉兒・普瑞茲（Jill Pruetz）對大草原黑猩猩的觀察結果而寫的，這些黑猩猩會圍繞著野火伺機而動，接著在事後行動找好料的。南猿和他們的後代很可能都採取相類似的策略，對於要怎麼操縱火焰，發展出一種感覺。事實上，距離控制火和烹飪，黑猩猩看來在概念上只差一兩步。

在狄蒙（Des Moines）〔5〕愛荷華靈長類學習收容所（Iowa Primate Learning Sanctuary）的一隻倭黑猩猩（bonobo；黑猩猩的其中一種）「坎茲」（Kanzi），在幼年時就變得對火很著迷。牠反覆看著《求火》（*Quest for Fire*）這部講述以前的人類費盡千辛萬苦要重新點燃爐火的電影，模仿演員並用木棒搭起小型柴火堆。飼養員教會牠點燃火柴的方法之後，牠就開始生火。牠會想盡辦法控制火勢，火焰開始要熄滅時，牠就再添加柴火。牠很快就開始烹飪了：牠會拿起一塊棉花糖插在木棒尾端，後來還會用煎鍋來煎漢堡。

和我們的祖先一樣，倭黑猩猩知道煮過的食物味道更好。肉類烤過之後肉質會變嫩，最硬的塊莖烤過之後會變成糊狀，蛋烤過之後更可口。

高熱會引發一連串與眾不同的化學反應，讓香味散發出來。在華氏三百度左右，肉類肌肉纖維中緊密纏繞的蛋白質會開始斷裂、不再捲曲。數千種不同的排列取代了它們原本一致的形狀，然後這些排列組合會在變性（denaturing）過程中結成團塊。肉類的肉質變嫩。然後胺基酸會和醣類結合，這是把數千種風味別具的微量化學物質引出來的一個連鎖反應的開端。這種過程叫做「梅納反應」（Maillard reaction），是以法國物理學、化學家路易斯・卡米拉・梅納（Louis-Camille Maillard）之名命名的，他在一個世紀以前發現了這種反應。梅納反應也會產生色素，把烘焙的麵包、烹煮的肉類和烘烤過的咖啡豆轉變成褐色。時至今日，善加運用梅納反應是食品科學的基石。

5〔編註〕狄蒙是美國愛荷華州的首府。

Gesher Benot Ya'aqov洞穴遺址的百萬年歷史爐台，是被廣為接受關於用火烹食的最早的證據，考古學家已經發現許多更可疑的古代爐台，定年後可追溯至四十萬年前，也就是現代智人的嫡系祖先的年代。不過，有證據顯示用火烹食轉變了人類的生物學，而且有了用火烹食的能力（大概在兩百萬年前到一百萬年前之間），人類的味覺提供了較大的大腦所需要的重要卡路里的增加量。

哈佛大學的靈長類動物學家李察・朗姆（Richard Wrangham）考慮到吃和消化粗食的力學，懷疑是否真能供應足夠讓直立人生存的燃料。把咀嚼與消化所燃燒掉的卡路里也算進去之後發現，耗費時間與熱量去吃生肉根本就划不來。巴西里約熱內盧聯邦大學的卡琳娜・凡賽卡亞茲維多（Karina Fonseca-Azevedo）和蘇珊娜・赫丘拉諾侯賽爾（Suzana Herculano-Houzel），後來精確計算了這樣的一塊生肉能撐多久。她們利用靈長目動物的身體與大腦尺寸數據，再加上每個物種花在攝食的時間資料，推算出直立人食用粗食必得花上八個小時咀嚼——這會讓他沒什麼時間找食物，也沒有時間做其他事情了。

用火烹食憑藉著把食物弄得容易消化與代謝，解決了這個問題。有時間可以取得、準備、食用和品嘗一餐飯。而且一旦可以用小量、集中快速解決的方式來消耗食物，原本不可能出現的小內臟配大腦袋的組合，就開始變得合理了。「在生物學上，人類是能夠適應吃烹煮過的食物的。」朗姆說。他做了很多實驗來驗證這個想法：其中一個實驗，他和阿拉巴馬大學生物學家史蒂芬・希科爾（Stephen Secor）餵蟒蛇吃煮過的肉和生肉，發現牠們要消化煮過的肉所耗費的能量少了很多。朗姆總結出，烹食對於幫助大腦生長很重要，而且必定在至少兩百萬年前就已經開始了，大約在那時期直立人的大腦大幅成長，應該就是仰賴用火烹食的能力。

由於「在超過一百萬年前就能用火烹食」的考古學證據相當有限，所以這個理論仍有爭議（朗姆指出，用火的證據很容易隨著時間而消失）。這理論也沒辦法解釋，為何在一百萬年前以後，發生第二次大腦容量大幅成長（這次導致智人出現），這次的腦容量大幅成長已經讓很多人類學家相信，早期人類是比較晚才開始用火烹食的。不過如果朗姆的理論成立，那麼「吃熟食」就是人類演化成功與演化生理構造的一大助手。

•
•
•

大腦成長時，天擇會重塑人類的整個頭部，包括嘴巴和鼻腔的內部構造。嗅覺以新的外觀回歸。大多數哺乳動物身上，會有一塊叫做橫向椎板（transverse lamina）的骨頭把鼻腔隔開。咀嚼食物會在口腔後面釋放出香味，但是這塊橫向椎板會防止香味進入鼻腔，讓動物集中精神嗅聞周遭的氣味。猿類演化時，橫向椎板消失了。後來在人類身上，從口腔通往鼻腔的通道縮小了。兩者只差了幾釐米而已，不過這卻大幅強化了我們祖先體會味道的能力。人們在咀嚼的時候，會產生一股香氣經由後面的這條通道到達嗅覺受體。

氣味把我們遠古祖先正在擴張的意識，和他們周遭的世界牢牢地綁在一起。這種生理構造上的遺產，至今仍伴隨著我們。當它出現在最早的哺乳動物身上時，人類的嗅球還只是從新皮質分出來的一個突觸而已，而感覺就是在新皮質這裡變成知覺的。其他的感官就不見得是這樣子；味覺的訊號到達新皮質之前，會經過腦幹和下視丘。氣味是未過濾的，最直接的。在用餐期間，當它們還在和味覺與其他感官牽扯，氣味就開始活躍了。

• • •

在Gesher Benot Ya'aqov洞穴遺址這個地方，人們可能會聚在一起用餐，品嘗烹煮好的魚和滴著冒泡油脂的鹿肉，聽著燒烤獸皮的酥脆聲響。他們一起吃、喝、聊天和休息，過得心滿意足。他們經過了一長串的分工合作——做計劃、採集、狩獵、宰殺、備料，之後達到最後的聯繫，獲得了回報——一場盛宴和一群夥伴。

在達爾文第二本談論演化的著作《人類的由來》（*The Descent of Man*）裡，他認為人類智力快速擴展，與人類具備社會性很有關係：人類具備溝通天賦，以及以團體共同生活、一起工作的能力。我們祖先所面臨的艱困處境，很可能就是讓他們緊密結合成團體的原因。吉兒．普瑞茲研究的塞內加爾東南部的一群黑猩猩，就遵循著這個動態變化。

大多數的黑猩猩生活在林地，不過這個地區主要是草原，而且有時候食物很稀少——生活條件迫使方果力黑猩猩（Fongoli chimps；由牠們棲息地的溪流名稱取的外號）得更加同心協力。牠們形成一個比典型的林地黑猩猩更龐大、更團結的團體，而且更樂意共享食物；有一次普瑞茲偶然觀察到，一頭雌猩猩要從雄猩猩採集的食物堆裡拿水果，占數量優勢的雄猩猩沒有去挑戰牠。牠們也會運用基本的工具，像是用棍子從蟻丘裡頭挖出白蟻，還有用尖銳的棍子叉起嬰猴這種睡在樹枝隱蔽處的小動物。這些方法讓牠們還能取得一點點肉類。

可能有人預期會找到族群更大的動物，有更複雜的變化，更大的大腦。在一九九〇年代，加州理工學院的約翰・歐門（John Allman）開始在靈長目動物裡深入研究這個理論，結果發現，大腦與身體相對比例較大的靈長目動物，居然不會形成較大的社會族群。不過牛津大學的羅賓・鄧巴（Robin Dunbar）把問題的範圍縮小之後，他發現了令人意想不到的事情——大腦的整個大小可能不會隨族群大小而變，但是新皮質的大小會。人類的新皮質相對於身體的比例大小，是所有動物裡頭最大的；這就是讓「味道大教堂」成為人體重要建築的原因。它把圍繞在食物的基本欲望與感覺，和思想、回憶、感情與語言編織在一起，而且它有助於把群體和社會綁在一起。

早期的人類必須合作求生存，研究出複雜的策略以阻卻厄運。製作工具和操控火焰不只需要技術性技巧，還要具有必須保存並傳授給其他人的知識。狩獵需要計畫和團隊合作。而且就像所有後院烤肉大師都很清楚的，烤肉要靠熟練的肢解獸體技巧、火力管理，還要些許創意。隨著時間發展，烹飪變成不再只求填飽肚子而已。人類發展出和食物相關的法規和習慣。運用工具和知識來創造風味，是最早的文化火花。

每個能成功存活下來的物種，都是能夠適應環境的。指導史密森尼學會（Smithsonian Institution）〔6〕「人類起源計畫」（Human Origins Program）的古人類學家瑞克・帕茲（Rick

Potts）說，人類的天賦還要更強大：我們的祖先適應的不只是不同的環境，還有「環境會一直變化」這個嚴峻的現實。

為什麼今日世界各地的口味和菜餚會有這麼大的差異，這是一種解釋，而且這也能說明，為什麼人類的味覺具有其他動物味覺缺少的可塑性：為什麼我們能這麼輕易地喜歡上本質上不那麼愉悅的事物，像是味苦的咖啡或啤酒，或是辣椒、山葵的嗆辣。古非洲混亂的地形不是只有大草原和灌木叢，它還零星分布著火山、河流和湖泊、平原和高山，從海拔負五百英尺以上的非洲最低點，阿法爾窪地（Afar depression）的阿薩勒湖（Lake Assal），到最高點海拔一九三四〇英尺的吉力馬札羅山。在這些變來變去的棲息地遷徙，是人類首次學到在任何地方都能生存和繁盛。克服東非大裂谷的層層險阻而存活下來，只不過是人類主宰全球大戲的暖身運動而已。

6〔編註〕史密森尼學會是全世界最大的博物館體系，是美國運用英國科學家詹姆斯・史密森（James Smithson）捐贈的遺產所營運，轄下有十九座博物館、九座研究中心、美術館等。

這種全身各處都具有「味覺」的說法讓人難以置信。一直到不久之前，大部分的味覺研究都還是著重在舌頭與知覺。但是我們現在知道，它們的影響範圍不僅於此。

第三章
苦味基因

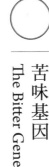

苦味基因
The Bitter Gene

一九九〇年三月的某一天，美國的小布希總統正式將綠花椰菜列為空軍一號機的拒絕往來戶。綠花椰菜屬於蕓薹屬（*Brassica*）的植物，同屬植物還包括芥菜、高麗菜、球芽甘藍等。它們都有一個很相似的防禦系統，那就是當細胞的細胞壁被切割破裂時，會引發某種化學反應，釋放出一波又一波的植物鹼（alkaloid）。我們的身體對這類分子有各種回應，其中最明顯的就是感覺到苦味。

布希總統這個消息一公布，營養學家紛紛質疑，這項決定會不會對美國孩童造成不良示範。憤怒的加州菜農發動貨車隊，將十噸重的綠花椰菜千里迢迢運到華盛頓特區。「我想，總統先生一定是沒吃過正確烹調的綠花椰菜，」名廚茱莉亞·查爾德（Julia Child）也發表了看法，「綠花椰菜在煮之前，是要先去皮的。」聽說，布希總統還在國宴上向波蘭總理抱怨這場由他引起的騷動。「美國的綠花椰菜農發動起義了，」他說道。「就像你們過去有極權主義要反抗一樣，我也有綠花椰菜得抵抗。」

記者會上，有人要布希總統給個解釋，於是他做了這個史上留名的聲明：「從小，媽媽就一直逼我吃綠花椰菜，但我就是不喜歡。現在當上了美國總統，我還是不打算吃它！」

「現在，他們竟然把好幾卡車的綠花椰菜送到華盛頓特區來了。我們家對綠花椰菜的看法很不一樣，我媽媽芭芭拉非常喜歡，她一天到晚吃綠花椰菜，還逼我跟著吃。」

「白花椰菜呢？青豆呢？球芽甘藍呢？」記者會上的記者大聲提問。布希把球芽甘藍也否決掉了。

小布希在這方面和爸爸老布希一樣挑食。二〇〇一年，他第一次以總統身分出訪，拜訪對象是曾經為綠花椰菜菜農的墨西哥總統比森特·福克斯（Vicente Fox）。車隊浩浩蕩蕩來到福克斯位於瓜納華托（Guanajuato）丘陵上的農場，下了車後，布希驚覺他置身一大片綠花椰菜田中，空氣中充斥著十字花科蔬菜特有的味道。記者問他有何感想時，他遲疑了一會兒，然後比了個大姆指朝下的動作，說道：「把它們換成白花椰菜！」

芭芭拉·布希喜歡綠花椰菜，但是他的先生和兒子都不好此味。類似這樣的差異其實是味覺的一種基本特徵，它受DNA控制，是可以遺傳的。這種流傳了幾百萬年的遺傳特質，或許在人類演化的過程中扮演了提升生存機率的角色。我們對味道的喜惡除了受到環境和生活經驗的影響，也受到DNA控制，大家的味覺感受就像片片雪花一樣，沒有哪兩個人是完全相同的。

味覺感受的差異範圍之大，在人類感官中是很獨特的。不管是視覺、聽覺、觸覺和嗅覺，都不存在這樣的明顯差異。畢竟，為了要一起生存，我們祖先的感官世界不能相差太多。身為脆弱的溫血動物，我們只能在一定的溫度中生存，因此人類在這方面的忍受力相差不大。每個人視網膜裡的桿細胞和錐細胞能偵測到的光線波長和光影變化，大抵是相同的；耳蝸裡的纖毛能接收到的音量大小和音頻高低，也是類似的。此外，鼻子裡的嗅覺上皮偵測到的味道也都差不多。

但是味覺的角色就像哨兵，它得嘗遍所有進入嘴裡的東西，亙古以來便受到我們的祖先所吃、所喝塑造。它不是單一種感官世界，而是多種感官世界的集合，談到苦味更是如此。

最初，苦味是一種警示訊號，目的是要避免我們吃入有毒的東西，包括水母、果蠅，甚至細菌都有辨別苦味的能力，代表這種基本的反感可以追溯到多細胞生物發展之初。五億年前出現的海葵，不但可以察覺進入消化道的東西帶有苦味，還會把它吐出來。植物的演化和動物的演化是同時並進的。世上大多數的苦味物質都來自植物，它們可以藉由製造有毒物質，殺死會造成感染的微生物，並且保護自己不被吃掉。帶有苦味的植物有成千上萬種，製造出來的苦味物質更是不計其數。我們之所以吃苦，就是從這些五花八門的植物，以及先人的勇氣來的——他們打從十萬年前離開非洲後，便前往世界各地發展，嘗遍了各處的植物。

舌頭碰到帶有苦味的東西時，會啟動大腦的某個電化學傳導路徑，製造出不好吃的感受，這時我們的嘴角會朝下、鼻子皺起、舌頭伸出，彷彿想把東西吐出來似的。動物界裡的動物各有各的苦臉。

然而，這種偏好歷久不衰，不管是哪一國的料理，都可以見到人們與苦味之間的愛恨糾纏。苦味（bitter）這個字源自印歐語（Indo-European）裡的「bheid」〔1〕，意思是「割裂」，和「咬」（bite）這個字是同一字根。《聖經》裡的猶太人以苦味來比喻受苦。逾越節時〔2〕，大家會將山葵和荷蘭芹或菊苣泡在鹽水裡，做成苦菜（希伯來文為*maror*），希望

1〔編註〕印歐語是指亞洲和歐洲諸多語言的共同始祖語。

2〔譯註〕逾越節是紀念以色列人要離開埃及的前一夜，上帝派天使擊殺埃及人的所有長子，卻越過以色列人的房子，拯救以色列各家的日子。

藉由吃這道苦菜，來紀念大家過去在埃及當奴隸的苦日子。

苦味和其他味道加在一起時，其實很好吃（對於可以忍受苦味的人來說）。食物中如果缺了苦味，就會像少了什麼一樣。綠花椰菜等十字花科的蔬菜，像是白花椰菜、球芽甘藍、甘藍菜和蘿蔔等，是地球上最常見的種植蔬菜。在美國南部地區，綠葉甘藍（collard greens）常被拿來和豬肉一起燉煮，甘藍的苦味可以使這道菜清爽些，豬肉的油脂和濃郁的味道，則可以稍微去除甘藍的苦味。五百多年前，西班牙殖民者埃爾南・柯爾特（Hernán Cortés）征服了阿茲克特帝國，將可可豆從墨西哥帶回西班牙，大家想辦法用糖和牛奶來調和它的天然苦味，把它變成了好喝的巧克力。對啤酒、醃菜和咖啡來說，那一絲苦味也都是不可或缺的元素。

為了讓咖啡好喝，得先解決咖啡豆那令人不敢領教的原始苦味。為了了解製作過程，我去參觀了「給我咖啡！」（Gimme! Coffee）的總部。這是位於紐約伊薩卡（Ithaca）的一家小規模連鎖店。他們的烘焙廠是城邊的一間農舍改建的。雅各・蘭德勞（Jacob Landrau）正在操控兩部手鑄鋼打造的老式烘豆機。機器有個鋼質的滾筒，模樣有點像乾衣機。烘焙的方式是以瓦斯加熱，將溫度控制在攝氏九十三度到二〇五度之間〔3〕，整個烘焙過程歷時約十分鐘。烘焙室裡沒有空調，夏天期間，裡頭的溫度有時高達攝氏三十八度。咖啡豆的待遇就優渥多了，它們的儲存室在隔壁房間，不論溫度或溼度都固定不變。

咖啡豆的果實是紅色的，泡水後才取出咖啡豆。乾燥後的生咖啡豆是淺綠色，吃起來粉粉的，味道像草一樣，並不會特別苦。咖啡之所以會苦有好幾個原因，其中最廣為人知的是咖啡因，不過，造成咖啡之所以是苦的，主要還是烘焙。經過烘焙的咖啡豆顏色會愈來愈深，這時裡頭所含的綠原酸內酯（chlorogenic acid）會分解成具有苦味的苯基林丹（phenylindanes），也因此，色澤愈深的咖啡豆就愈苦了。

除了利用筆電來追蹤烘豆機內部的溫度，蘭德勞也會根據他本身的感官做判斷。溫度太高時，咖啡豆會脫水，不夠高時，苦味會提早出現。他聆聽咖啡豆在烘豆機裡滾動的聲音、觀察咖啡豆的外表，並聞它們散發出來的氣味，這些感官隨時在改變。因著咖啡豆的年分、種類，以及大氣壓力、烘豆機內的狀況、時間等細微的因素，每一批咖啡豆都有自己的特色。唯有掌握所有因素，才可以啟動正確的化學反應，烘焙出最好的咖啡。苦味不足會讓咖啡失去該有的活力，但是苦味太重的，就像在便利商店裡擺了一整

3〔編註〕原文是華氏兩百度至四百度。後面的「攝氏三十八度」原文為華氏一百度。

天的咖啡，令人難以下嚥。

去參觀的那一天，蘭德勞帶我把整個烘焙過程從頭到尾看了一次。在烘豆機裡待了九分鐘後，咖啡豆的外殼開始破裂，打在烘豆機的滾筒上，啪啪啪的響著，這就是「第一爆」(first crack)，熱度夠的話，有時還會出現第二爆、第三爆，但是這樣的咖啡苦味也會愈濃。蘭德勞將火暫時關掉後一會兒後，再次打開，開始新的烘焙階段。在這個新階段，糖類會開始分解成水、二氧化碳、脂質和帶有各種味道的化合物，最高溫度是華氏三八九・九度(約攝氏一九八・八)。「繼續烘烤時，糖類會焦掉，這是另一個苦味來源，」他說道。不過他必須留意是否有黑頭(tipping)的問題，也就是咖啡豆的兩頭出現黑點，這是咖啡過苦的徵兆。

蘭德勞把火關掉後打開滾筒。這時的咖啡豆呈現中度棕色，他把它們倒入一個圓形托盤，利用旋轉的刀板撥動，好讓它們均勻的散熱。

那天稍晚，負責在「給我咖啡！」訓練咖啡師的麗茲・克拉克(Liz Clark)畫了一幅圖給我看，上面有三條隨著時間起起落落的曲線，這三條線分別代表咖啡的酸味、甜味、苦味。這裡是「給我咖啡！」的實驗室，是他們研發新配方和新技術的地方。這幅圖對咖啡師非常重要，畫中的內容就是「三分法」(the rule of thirds)。不同物質的溶解速率不同，因此沖泡義式咖啡時，咖啡裡含有的各種味道，會在不同的時間釋放出來。咖啡師必須掌控咖啡豆的品質、水的壓力，以及咖啡通過濾紙、滴進杯子時的形態改變。

麗茲・克拉克請一位咖啡師將些磨得很細的義式咖啡粉倒進濾杯裡。這種咖啡的名字叫左派份子（Leftist，它的廣告詞上寫著：「充滿巧克力味、焦糖蘋果味，還帶點烘焙香料的撲鼻香。」）。咖啡師把濾杯放進咖啡機，拉桿啟動，將華氏兩百度（約攝氏九三・三）的熱水以九倍大氣壓的壓力沖入咖啡粉。她將滴出來的咖啡依序裝入三個杯子。

第一杯咖啡的顏色最深、也最濃稠，但味道是酸的。第二杯的顏色淡了些、帶點紅色，有點甜味。最後一杯的顏色最淺，有點像是沙子的顏色；變成「金黃色」（blonding）時，就表示這一泡咖啡已經來到尾聲。最後這杯咖啡的味道是苦的。分開來時，每一杯咖啡都很難喝，尤其是苦的那一杯，更是可怕。但是將這三杯咖啡混在一起後，所有味道都巧妙的互相襯托起來了。這個過程要出錯的機率很高：義式咖啡機非常敏感，泡出來的咖啡味道可用喜怒無常來形容。「光從一個人喝的咖啡，就可以看出這個人的個性，」克拉克這麼說道。「雖說可以改變的因素非常有限，但論到怎麼樣算是一杯好咖啡，每個人都有自己的一套。」

找出「苦味」這個古老訊息在我們身體與食物裡真正的作用，是人體生物學中頗令人傷腦筋的問題。一九三〇年的某一天，兩位化學家在工廠裡起了一場重大爭執，讓科學家們從此面臨一場無止盡的挑戰。

那天，這兩位科學家在杜邦化學公司位於美國紐澤西洲的傑克森實驗室（Jackson Laboratory）調配藍色染劑。亞瑟．福克斯（Arthur L. Fox）正在將一種叫苯硫脲（簡稱PTC，phenylthiocarbamide）的白色粉末倒進瓶子中，結果一不小心手滑了，白色粉末飛得到處都是。這時，來自史丹佛大學的訪問教授卡爾．諾勒（Carl Noller）正好站在旁邊，吸進了一些粉末。這些粉末從鼻孔進入他的口腔，沾上了舌頭，其苦無比。福克斯看了覺得莫名其妙，他也吸到了一些粉末，卻一點兒味道也感覺不到。

福克斯拿了一點PTC放在舌頭上，跟諾勒保證這一點兒也不苦，諾勒也用手指沾了一點放入嘴巴，但是眉頭不禁鎖了起來。他們要實驗室裡的其他人跟著這麼做。一場自發性的實驗就這樣展開了，實驗室裡的科學家和技術員紛紛當起小白鼠。實驗的結果證實，這事確實就是這麼怪：有些人可以嚐到白色粉末的苦味，有些人不行。

一九三〇年，多數科學家認為，所有人的味覺基本上都一樣。如果不一樣，就是心情或脾氣造成的。小孩子不喜歡球芽甘藍，一定是大人沒教好，和生物學沒有關係。但是PTC的實驗結果推翻了這個古老的看法。「味覺的差異遠比我們認為的還大，」福克斯在一次訪問中這麼說道。「瑪麗可能不喜歡甜菜，但是約翰超喜歡的。父親沒有辦法忍受酸奶的味道，母親則是對大蒜的味道反感。每個人對食物的反應就是這麼不一樣。」

福克斯的意外發現，讓我們又將基因運作方式的面紗稍微再掀開了一點。當時的科學家已經知道，人體是依著一張基因藍圖組成的。但是大家對DNA的認識並不多，所以對這張藍圖沒有很清楚的概念，他們知道所有人體的生物學特質都和基因有關，但是要將基因的影響和其他生物作用力，像是環境、成長過程、老化等區隔開來，不是件容易的事，可是福克斯這個味覺實驗發掘了一個簡單的遺傳性狀，說它是科學革命也不為過。這個發現或許可以揭示基因是怎麼演化的，以及它們對氣候變遷或棲息地變遷有什麼樣的反應，甚至找出性別、文化和種族上的遺傳差異。

身兼奧古斯丁派修士和植物學家的葛雷格．孟德爾（Gregor Mendel）是第一位發現這種單基因遺傳的人〔4〕，利用這類基因，我們對遺傳有了基本的了解。在十九世紀中葉，孟德爾試著培育開出淡紫色花的豌豆。他當時住在布爾諾（Brno，現位於捷克境內）的聖湯瑪仕修道院（Abbey of Saint Thomas）。他將幾千株白色和深紫色的豌豆株雜交，但是他沒有得到淡紫色的花，所有後代的花都是深紫色的。於是他進行了更多的實驗，結果發現，深紫色花和深紫色花的豌豆交配，會產生深紫色或白色的花。白色花的豌豆和白色花的豌豆交配，只會生出白色的花，但是開淡紫色花的豌豆始終沒有出現。

他猜測，花的顏色應該是分別來自雙親的某種基本遺傳單位決定的，孟德爾稱它們為「因子」（factor），而且深紫色因子是顯性的，這麼一來，他便可以利用統計來推測每一種顏色出現的比率：每四朵花裡面有三朵會是深紫色的，一朵是白色的。

這就是「孟德爾定律」，性狀是由單一基因的差異決定時，我們光靠肉眼就可以看到基因的作用。這種遺傳方式在人類很罕見；在福克斯的年代，大家曾經以為我們的眼睛顏色、血型也都是由孟德爾定律決定，但是事後發現，人類的遺傳要複雜多了。

不過現在福克斯找到了一個。他立刻發布了這個研究結果，在《科學》（*Science*）期刊公開指出有些人對特定物質是「味盲」的。他開始進行一連串的味覺實驗。「這種特性和年紀、種族或性別都沒有關係，」他在給美國國家科學院（National Academy of Sciences）的重要報告中這麼寫道。「不管男女老少、黑人、中國人、德國人或義大利人也好，都有嘗得到味道和嘗不到味道的人。」

一九三一年，福克斯在美國最頂尖的科學組織美國科學促進會（American Association for the Advancement of Science）舉辦的年會講台上，放了一部投票機。他邀請與會的人都來嘗一嘗PTC粉末，然後選取他們的答案。結果有百分之六五．五的人可以嘗到它的苦味、百分之二十八的人嘗不到，另外有百分之六．五的人有其他的感受。這表示能嘗到PTC味道的基因（也就是對苦味比較敏感的基因），應該是顯性的，就像孟德爾當時的深紫色花一樣。至於嘗不到、或是敏感度差的基因，則是隱性的，就像那些白色花一樣。

一波科學熱潮就此展開，世界各地的科學家紛紛針對不同年紀、種族和社會地位的人做味覺測試。一開始，他們將PTC裝在小罐子裡隨身帶著，後來改將沾了PTC溶液的紙張乾燥做成試紙，受試者只要將試紙放在舌頭上，就可以測試。

實驗過程不能說一帆風順，當時正值美國經濟大蕭條時期，有謠言指出，這其實是一種優生學手段，目的是要讓那些窮困的美國男生因而不孕。有進行測試的人員發現，當他來到農莊時，女士們通常很願意配合，但是男士們卻躲得遠遠的。

4〔譯註〕單基因遺傳指性狀的表現是由一對基因所決定。

這項試驗還在一九四一年與大眾文化扯上了關係。兩位多倫多大學的研究人員前去加拿大安大略省科爾貝（Corbeil）的一處農莊，對當紅的迪昂五胞胎（Dionne quintuplets）進行測試。〔5〕

出生在農家的迪昂五胞胎比預產期提早兩個月出生，是首次活過幼兒期的同卵五胞胎，出生時每一個都只有巴掌大，五個人的體重加起來不到六公斤。她們的存活彷彿意味著這個世界可以從經濟災難中走出來，在國際媒體造成莫大的轟動。但成名是要付出代價的，在她們四個月大的時候，他們的父親奧利瓦（Oliva）簽了一份合約，答應讓五個女兒在一九三三年於芝加哥舉行的世界博覽會中亮相展示。這件事引發了剝削孩童的問題，於是她們的監護權改由加拿大政府單位接管。相關單位擔心她們會接觸到病菌、被綁架，甚至發生更糟的事，所以奧利瓦原先的合約也取消了。後來政府方面想出了折衷的行銷方式，在她們還小的時候，由醫生和護士組成的團隊在一間特殊的育嬰房裡照護。來參觀的民眾可以透過單向玻璃觀看她們。來訪的觀光客有上千萬人次，在五胞胎這一頭的玻璃上留下了無數黑幽幽的影子。

加拿大政府也答應由多倫多大學監督，讓大家對五胞胎進行各種醫學實驗。她們的生長與發育都受到嚴密的監控與分析，因此對於多倫多大學的心理學家諾瑪・福特

（Norma Ford）和阿諾・梅森（Arnold Mason）來說，對五胞胎進行味覺測試是天經地義的事。

那天，賽希、伊凡、艾蜜莉、瑪麗和安娜特一個一個被請到房間裡做測試。她們的老師嘉譚・維吉納（Gaetane Vezina）跟她們解釋了待會兒要做什麼：她們會拿到一張兩公分長的紙條，把它放到舌頭上，嚼一嚼。有些就只是紙，是要做為控制組的，有些有味道的，可能是鹹味、檸檬的酸味、糖的甜味或奎寧的苦味。

由於迪昂五胞胎的基因組成完全相同，所以聽到她們不一樣的反應和細膩的描述時，大家都非常震驚。賽希覺得，帶鹹味的紙像是天主教彌撒時用的聖體麵餅、酸味的紙像咳嗽藥、甜味的紙像加了糖的藥，而不知怎麼的，奎寧的苦味竟然像楓糖漿。不過在換成PTC試紙後，基因又整合了起來，五胞胎異口同聲表示難吃：

賽希：「不好吃！」

伊凡：「我不喜歡這味道！」

艾蜜莉：「我不喜歡這味道，不好吃！」

5〔編註〕五胞胎出生於一九三四年五月，她們全都活到了成年。

瑪麗：「我一點也不喜歡這味道！」

安娜特：「味道好重！」

一直到現在，苦味測試依舊是科學裡的關鍵主題。近年來，丙硫氧嘧啶（簡稱PROP，6-n-propylthiouracil）取代了PTC，成為測試物質，它沒有PTC的硫磺味，也沒有影響健康的疑慮。我曾經在莫內爾化學感官中心（Monell Chemical Senses Center）做過這個測試。遺傳學家和味覺研究人員丹妮爾・里德（Danielle Reed）倒了一點澄清、無色、無嗅的PROP溶液到紙杯裡。我喝了一小口，沒什麼感覺。就像亞瑟・福克斯，以及四分之一的美國民眾一樣，我也缺少了這種味覺能力。想想還滿合理的，我向來很喜歡咖啡、綠花椰菜等帶苦味的東西。對PROP的苦味沒有知覺的人，通常對其他味道也比較不敏感，或許是因為這樣，我喜歡吃辣，也分不太出紅酒的好壞。

接著，我們把時間快轉到二十一世紀。我和我的家人分別把口水吐進塑膠試管裡，封起來後，寄到了加州山景城（Mountain View）的「二十三與我」（23andMe）基因檢測公司。公司名字裡的二十三，指的是人體的二十三對染色體，他們可以利用基因技術，幫你找到自己在人類大家族裡的位置，包括你的祖先來自哪一個洲、你罹患基因相關疾病的機率、你擁有多少尼安德塔人的DNA等。另外測試的結果也會得知，你帶的是亞瑟·福克斯苦味基因中的哪一種。幾個星期後，我從該公司的網站得知結果。我們全家都缺少這個味覺能力。這代表我和我太太各自從我們的父親和母親那裡，得到了缺少這個味覺能力的基因，然後又將這樣的基因傳給了我們的孩子（測試也指出，我們基因組中有百分之三屬於尼安德塔人；拜古早的近親交配所賜，這大約是平均值）。這和我兒子愛吃辣的習性不謀而合，但卻無法解釋我女兒的習性為何恰恰相反，她喜歡清淡的食物。

從福克斯到現今所處的年代這段期間內，我們找到了人類的所有基因組，也就是人類的所有遺傳物質，甚至解開了部分密碼。我們發現，人與人之間的基因差異僅千分之一，但是光這麼一丁點差異，就足以造成我們在體態、膚色、罹患疾病的機率，以及味覺等方面的差別。

一九三〇年代，沒有人知道味覺基因長什麼樣子、如何運作，也不懂我們的舌頭，或者說我們的大腦是怎麼區分苦味和甜味的。科學家們確實在這個我們不熟知的領域裡找到了些線索，但是當時的科學儀器幾乎幫不上什麼忙：這些因子小到無法用顯微鏡觀察，複雜程度也不是化學家在試管裡做做傳統分子反應，就可以解決的。有一位科學家直言它是「被忽略的維度」。

到了一九六〇年代，數位年代開始起步，這時麻省理工學院的微生物學家馬汀・羅德貝爾（Martin Rodbell）使用當代術語，描述了味覺與基因間的微妙關係。他說，細胞就像電腦，會對周遭環境做輸出和輸入的處理。細胞上有個叫受體的東西負責輸入，它可以察覺環境中的特殊事物（像是帶苦味的分子或是荷爾蒙），接著就像打開了開關一樣，啟動細胞內部的電反應，藉此將訊息透過神經細胞傳到大腦，或是身體的其他部位。羅德貝爾稱這個開關為「傳感器」（transducer），換句話說，味覺也可以視為一種簡單的電腦運算。我們在用餐時吃了一塊牛排、一顆帶苦味的莓果、喝了一杯咖啡，當中含有數千種不同物質。來自不同味覺基因的各種味覺受體，就是要篩選這頓飯裡混亂的化學組成，挑出重要的資訊，將它們變成大腦可以理解、可以反應的代碼。

研究舌頭的構造，是原始味覺分布圖錯得多離譜最好的佐證。一個人的舌頭上平均有一萬個味蕾。進食時，經過咀嚼的食物或飲料會進入味蕾頂端的小孔。每一個味蕾都是五十到八十個特化細胞的集合，每個細胞都有它專司的基本味覺。結構複雜的受體蛋白質有一部分露在細胞外，其餘部分位在細胞內。露在細胞外頭的部分，會抓住漂在細胞外的東西，形成暫時的化學鍵結。這個動作會使得位於細胞內部的受體構造脫離，就好比把一束花勒得太緊，底部的花柄斷了一樣。這個訊號會將神經細胞的「開關打開」，啟動從舌頭到大腦間的一連串反應，然後在不到十分之一秒的時間內，讓我們產生「啊，好甜、好噁心、好苦」的感受。

正確的說，苦味受體的基因不是在實驗室發現的，而是在電腦資料庫裡找到的。一九九九年，科學家分離出了甜味受體基因，接著就把苦味受體基因當成下一個目標。他們搜尋了剛發表不久的人類基因組資料庫，這些由A、T、C、G四種核糖核酸代號排列而成的序列，有許多是大家尚未明白意思的。某天，哥倫比亞一處味覺實驗室的研究生肯．穆勒（Ken Mueller）在這堆字母中爬文時，發現有一段密碼和某些已知的受體基因序列非常相像，它有一點像是感光的視紫質（rhodopsin），又有點費洛蒙受體的影子。事後發現，它正是苦味受體基因，科學家將它命名為T2R1。不到幾個月，他們又陸續發現了十六個和苦味受體相關的基因，目前已經發現大約二十三個。

苦味受體基因種類繁多應該是有原因的。我們目前只發現三個甜味受體基因，它們的任務很單純，就是找糖。但是自然界中充斥著各種有毒物質，讓我們必須布下天羅地網來偵測它們。幾億年來，基因複製的結果，讓苦味受體基因的數量一再增加，經過天擇的淬鍊後，各有各要偵查的苦味。這就是為什麼我們需要的甜味基因這麼少，苦味基因卻這麼多。

T2R1（現在已改名為TAS2R38）其實就是亞瑟・福克斯發現的苦味基因，它位在人體的第七對染色體上。一旦這個基因序列有變異，就會反應在受體的化學組成與結構，導致大家對PTC和整個苦味的敏感度產生差異。

・・・

就某個層面來說，找出這些DNA其實是所有工作中最容易的部分。我們還是不太清楚這些基因變異對於味覺究竟帶來什麼影響，或是在人體生物學上扮演什麼樣的角色，最終的目的又是什麼。偵測有毒物質確實是其中一部分，但是這些苦味基因的背後，似乎還有更深層的意義。為了尋找答案，科學家們回到了這一切的起點——非洲。

一九三〇年代，福克斯的味覺測試大行其道，三位英國科學家也在這時候，成為初次探討苦味基因起源的人。E・B・福特（E. B. Ford）、R・A・費雪（R. A. Fisher）和朱利安・赫胥里（Julian Huxley）參加了在愛丁堡舉行的國際遺傳學（International Congress of Genetics）年會，決定以人類的近親黑猩猩為對象，進行PTC的測試。於是他們從一位來自格拉斯哥（Glasgow）的科學家那兒，取得了一些PTC粉末，將粉末做成濃度不同的溶液裝瓶後，便出發前往愛丁堡動物園了。

他們用滴管吸取PTC溶液來餵黑猩猩，結果有一隻黑猩猩把溶液吐在費雪身上，另一隻被惹惱了，氣得想要抓他。這兩隻黑猩猩顯然可以嘗到苦味。八隻黑猩猩中，有六隻可以嘗到PTC，兩隻沒有感覺。這比例和以歐洲人進行隨機測試得到的差不多；從紅毛猩猩、大猩猩和長臂猿獲得的結果，也相差無幾。這個實驗後來因為第二次世界大戰爆發，匆匆結束，但是它的意涵依舊耐人尋味：幾百萬年前，在人類和黑猩猩還沒分家前，天擇就已經將原始人猿，分成了可以嘗到苦味和無法嘗到苦味的。這樣相對的性狀顯然有一定程度的好處，否則不會一直流傳到現在。

這個理論聽起來很有說服力，但是在苦味基因解碼後，我們才發現它錯得離譜。

生物學家史提芬．伍汀（Stephen Wooding）在二〇〇〇年代初期，利用現代遺傳技術，重新探討了這個問題。遠古以來，DNA便照著一定的速率發生突變，配合基因組，我們現在已經有追溯基因演化過程的能力了。我們可以利用不同動物間的DNA差異，來研究牠們是在什麼時間點從共同祖先分家的，或是某個特定的突變是什麼時候發生的。不過，伍汀在比較了來自人類與來自黑猩猩的福克斯苦味基因後，大吃一驚：這兩個基因一點兒也不像。不知怎麼的，這兩個完全不同的DNA序列，竟然會製造出一模一樣的味覺經驗，也就是說，人類和黑猩猩的這個性狀，是完全獨立演化而來的。這代表這些基因對於生存的重要性，遠比我們想像的要高。

科學家們研究了這些遺傳訊息在過去幾百萬年來在各地的發展，希望能找出影響它們的因素。在黑猩猩方面，嘗得到苦味與嘗不到苦味的區別，大約出現於五百萬年前，在人類這邊出現時間比較晚，大約在五十萬到一百五十萬年前，和早期智人（*Homo sapiens*）出現的時間差不多。大約四十萬年前與人類從共同祖先分出來的尼安德塔人，同樣可以分成「嘗得到苦味」和「無法嘗到苦味」的。巴塞隆納演化生物學研究中心（Evolutionary Biology Institute）的卡爾斯．拉盧埃薩福克斯（Carles Lalueza-Fox），對一具在西班牙席卓恩（El Sidrón）洞穴發現、年代約四萬八千年前的男性尼安德塔人化石做了DNA測試，實驗結果發現，尼安德塔人也可以嘗到苦味。

• • •

現代人大約是在十萬年前離開非洲，帶著各種基因變異向世界各地擴張版圖。我們可以在大家對咖啡的喜愛、超市裡賣的蔬果等，見到味覺這個小配角在這趟旅程中帶來的影響，它至今仍支配著這個世界對味覺的感受。

他們當時離開非洲的地點，很可能是靠紅海最南端的曼德海峽（Bab el-Mandeb Strait），也就是南非與阿拉伯半島相隔距離最近的地方。這個海峽現今的寬度大約是二十英里（大約三十二公里），但是當時的印度洋深度比起現在要少了幾百英尺，可以說是個又窄又淺的海峽，只要用簡單的竹筏，甚至划水就可以橫渡了。人類的祖先旅遊經驗豐富，這不是他們的第一次跨海旅遊。早在七十萬年前，在約旦河谷北部的蓋謝爾貝諾特雅各布（Gesher Benot Ya'aqov），就曾經出現懂得用火的人類，他們可是往北邊走了一千四百英里，才來到現今的以色列。直立人曾經徒步走到東亞。就在大家都往海邊前進的同時，尼安德塔人去了歐洲的森林裡狩獵。

這些人的感知能力比他們先前的祖先更好。經過幾十萬年的演化，他們的腦容量更大，味覺也變得更敏銳、更細微了。世界就像是一座大實驗室，他們可以在裡頭恣意嘗試新工具、新技術。十幾萬年前，在人類還未跨越曼德海峽以前，就有人嘗試做土窯。他們挖了深深的洞，在洞壁上鋪上扁平的石頭，好將熱氣集中。這個土窯可以烤狩獵回來的動物、植物的根和蔬菜等。他們把肉燻過可能是為了方便保存，也在這過程中添加些新味道。他們彼此分享配方，將食譜代代相傳，更在傳承的過程中精益求精。做這些事的主要目的，都是為了避免挨餓。

沒有人知道這些人當初為什麼要離開非洲，或許是鬧饑荒，或許是部落間有糾紛。不管原因是什麼，基因上的證據指出，參與那次撤離行動的，只有幾百個人，頂多幾千個人，但是他們後代的足跡後來卻遍及全世界，取代了原有的尼安德塔人。所以基本上，地球上所有的人不是非洲人，就是當時跨越曼德海峽那群人的後代。

這群人的味覺很可能與眾不同。基因上的研究指出，當時的非洲人對於苦味的敏感度差異很大，事實上當今的非洲人也是如此。去到不同地方的人，可能會因地理環境不同、遇見的動植物不同，而朝不同方向演化，進而發展出各不相同的味覺，這一切聽起來非常正常。但是渡過曼德海峽的這群人，卻沒有發展出這樣的多樣性。在福克斯的苦味基因方面，大多數的人都是可以嘗到苦味的，有一部分的人嘗不到，少部分的人則介於兩者之間。

至於早期人類是經由哪一條路徑離開非洲的，眾說紛紜，有可能是經由北部海岸，也可能從內陸往北邊走。當時的阿拉伯半島有河流、湖泊、樹木林立、草原遼闊，不像今天這樣幾乎被沙漠覆蓋。接著，大家很可能是往東走，穿過現今的伊朗，然後有些人朝北繞一圈去到歐洲，有些人則繼續往東進入亞洲。他們開始在叢林、沙漠、高山、島嶼聚集，從赤道到極地無所不在，每到一個新的地方，大家就必須適應新的食物，最後，大約在一萬兩千年前，他們來到了南美洲的南端。

這趟播種之旅，在我們的味覺基因上留下了印記。嘗得到苦味的和嘗不到苦味的後代，往四面八方前去。我們可以在福克斯式的味覺測試上找到證據。過去八十年來，共有一千多份研究，將這些實驗結果匯整後可以發現，嘗得到苦味的人和無法嘗到苦味的人，比例會因地而異。

在英國的東北部，有將近三分之一的人無法嘗到這種苦味；在某些印度人種，則有超過一半的人是無法嘗到苦味。或許是這個原因，啤酒才會在英國這麼廣受歡迎，苦瓜也才會在印度料理中這麼普遍。往東前進，可以嘗到苦味的人有愈來愈多的趨勢，在中國的某些地區，有高達百分之九十五的人是可以嘗到苦味的。在美國印第安人也是如此，他們多半是亞洲移民。往氣候較寒冷的地方走，整個比例又不一樣了。格陵蘭（Greenland）的因紐特人（Inuit）是所有早期美洲人中，苦味味覺最不敏感的，或許是因為他們傳統飲食中的海鮮、海豹不帶苦味，久而久之，他們便喪失了辨別苦味的能力了。不同的居住環境、氣候、食物和生存競爭，都左右著人們對苦味的敏感度。有些地方的人苦味敏感度整體提升了，有些地方的人苦味敏感度整個降低了。

另一個苦味基因的際遇則完全不同。英國倫敦大學學院（University College London）的研究人員妮可・索倫佐（Nicole Soranzo）研究的，是發生於TAS2R16苦味基因的一個突變。這個突變會讓大家對某些苦味物質，像是柳樹皮中發現的柳苷、熊葡萄（bearberry）中的熊國苷（arbutin），和苦杏仁中的杏苷（amygdalin）等變得更加敏感。這個突變在非洲很罕見。索倫佐在世界各地做了基因取樣後發現，這個基因突變對於新大陸的人具有天擇上的優勢，所以才會像野火般迅速擴展開來。直至今天，有百分之九十的非非洲人擁有這個特徵。但是在非洲，這個特徵的比例從來沒有提升過。

這又是難以解釋的一組對立發展。提高對苦味的敏感度可以增加存活的機率，但是「對苦味不敏感」這特徵，顯然也有存在的價值，否則不會保留到今日。究竟是什麼樣的道理呢？至少對人類和猿類來說，苦味的作用，似乎不單單只是警告牠們可能吃到了有毒物質而已。

義大利的生物學家阿萊西亞・藍恰羅（Alessia Ranciaro）是勇於嘗試的領導者，她帶領了一個味覺試驗團隊，希望對苦味敏感度有更深的了解。他們開著休旅車，從肯亞到喀麥隆，一個村落接著一個村落的尋找苦味味覺的真正目的。每到一個地方，藍恰羅就會和當地的老人家聊天，向他們介紹味覺測試，請他們鼓勵村裡的人參加。他們的測試站比起亞瑟・福克斯的要專業多了：每一站都準備了幾種具有苦味的物質，而且每一種都有十三個不同的濃度。接受測試的自願者會從其中一種開始測試，每試過一種後，先漱口，才試下一種。

他們讓大家從最低濃度的溶液試起，接著逐漸提升濃度。「我們會一直試到受試者說『我嘗到苦味了』或是『味道像檸檬』，然後皺起眉頭為止，」藍恰羅說道。「我們會進行兩次試驗來做最後的確認。」這些受測者分別來自十九個不同民族，他們各自過著非洲傳統生活（包括採集狩獵者、牧羊人、農夫），另外他們也接受抽血進行DNA檢測，以便日後針對敏感度和基因進行配對。

這項實驗由賓州大學的科學家莎拉・提胥科夫（Sarah Tishkoff）監督，它目標遠大、過程艱辛，但這群科學家希望，藉著回到苦味起源的非洲大陸收集資料，明白為什麼天擇會將「對苦味無感」和「對苦味有感」這兩種完全相反的性狀，同時保留下來。如果其中一種明顯對生存有幫助，那麼另外一種顯然就是有缺陷，理應被淘汰。這個問題的答案，將有助我們進一步了解食物、味道和人體生物學。

提胥科夫的團隊認為，味覺的差異是飲食造成的，於是他們調查了未受到現代社會影響的地區。「那裡的人不吃麥當勞，」與藍恰羅和堤胥科夫共事的麥克・坎伯（Michael Campbell）說道。幾千年來，甚至打從他們的祖先當初離開非洲開始，這些人就維持著原有的飲食習慣。比起吃莓果和植物根的人，苦味基因對於以肉類為主食的人顯然用處較小，所以研究團隊推測，苦味基因應該會在吃肉較多的族群中逐漸銷聲匿跡。

沒想到這理論竟然是錯誤的，實驗結果並非如此。他們發現飲食對這個基因並沒有影響，至少過去五千年來是這樣。似乎有某種更古老、更深層的力量影響著它們。這個發現挑起了一個更引人入勝的問題：這個古老的演化訊號涉及的會不會不只是味覺？

更早之前，就有科學家發現，苦味敏感度有可能隸屬於一個比味覺更複雜的身體系統。一九七〇年代，耶魯大學的味覺科學家琳達・巴托夏克（Linda Bartoshuk）注意到，PTC苦味敏感度，與酸味、甜味和鹹味等味覺之間有關聯。PTC苦味敏感度高的人，通常也比較排斥辣椒、芥末、薑等味道強烈的東西。

巴托夏克將分子生物學暫擱一旁，回頭去看受試者的口腔。苦味敏感度高和苦味敏感度低的受試者，舌頭構造大不相同。敏感度高者的乳突狀構造明顯較多，意味著他們的舌頭與大腦間的連結也比較多，所以感受到的味道較強烈，得到的味道訊息也較豐富。有些人的敏感度甚至比一般人高了一萬倍。她稱這樣味覺特別敏感的人為「味覺超人」（supertasters）。他們吃東西的經驗，與那些味覺遲鈍者有著極大的差異。對他們來說，食物永遠像霓虹燈般光彩奪目，而不是柔和的粉色系。

我們從巴托夏克的發現推測，味覺基因或許是搭配其他基因，來決定舌頭與神經系統的解剖構造。這樣的結果影響到的，不只是嘗不嘗得到苦味、喜不喜歡某種食物而已，有數百份研究指出，女生嘗得到苦味的機率比男生高、酗酒的人嘗不到苦味的比例較高，另外味覺也和糖尿病、牙齒健康、眼睛疾病、思覺失調、憂鬱症、腸胃道潰瘍、癌症等有關。有些關聯可能是隨機的，但是大多數的研究都認為，苦味味覺的生物學可以影響全身。

自從味覺受體的DNA解碼後，我們發現它們分布在身體各處，包括消化道、胰臟、肝臟、大腦和睪丸等都有。「想像一下，有一個簡單的生物體，例如某種原生動物，它有一個口，那是它的味覺基因表現的地方，」義大利比薩大學（University of Pisa）的生物學家羅伯特．巴瑞爾（Roberto Baral）說道。「隨著演化，它的體積逐漸變大，控制味覺基因表現的基因也跟著演化。最後，整個身體，從嘴巴到胃部、到腸道等，都有味覺基因的表現。」

受體間形成了一個複雜的感官網絡，將生物體內的各種細胞全串聯起來，少了它們，生命將了無生趣。有些酵母菌會利用受體，辨識做為能量來源的糖類，以及誘導交配的費洛蒙。果蠅的身體外部也有許多受體，這些受體可以幫助它們感受光的變化、偵測水果成熟時傳來的香氣。除此之外，植物也有受體。脊椎動物有一千多種受體，人類細胞更是沒有一個例外，每個都有受體。透過這些受體，我們可以得知溫度的變化、化學組成的變化等。它們是體內溝通的開關，也因此，經常是藥物（不管是合法的醫療藥品，或是非法的禁藥）的標的。它們可以偵測神經活動、荷爾蒙或神經傳導物質的起伏，讓我們產生食慾、恐懼、愛意等等。我們的視覺、嗅覺、味覺都是靠它們完成的。

這種全身各處都具有「味覺」的說法讓人難以置信。為了了解位在鼻子的苦味受體有什麼用處，賓州大學莫內爾中心的科學家，培養了具有TAS2R38受體的人類鼻竇細胞進行實驗。首先，他們要確認培養的是否是正確的細胞，於是利用PTC做了測試，並發現這些細胞會釋放出微弱的電流，就像是舌頭上的苦味受體受到PTC刺激時，產生的電流一樣。答對了。

接著，他們讓這些細胞接受感染，把它們泡在黏稠的痰裡。這時，苦味受體的警鈴響了，神經細胞釋放出電訊息，並釋放出一氧化氮（一種訊息分子）。鼻竇細胞上細小的纖毛移動速度加快了，黏液的分泌也變多了。這正是鼻子驅逐害菌的方式，或說試著將它們驅逐的方式。對苦味敏感的人，似乎比較不容易感染鼻竇炎。對於早期居住在寒冷地區的人類，這項能力雖無關乎味覺，卻有助於生存。

腸道裡也有味覺受體。就像許多位於地中海地區的小規模社區一樣，位於義大利靴子鞋尖處的卡拉布利亞區（Calabria）的居民普遍很長壽。原因之一可能是他們的飲食中有大量的魚肉、橄欖油和紅酒。除此之外，也可能和他們的味覺有關。卡拉布利亞料理用了許多帶有苦味的食材，像是茄子、白花椰菜、菠菜等。當地人常吃的香檸檬（Bergamot orange），味道更是比葡萄柚還要苦。

羅伯特．巴瑞爾對卡拉布利亞人的苦味基因非常好奇。剛好有一項研究調查，已經追蹤一群卡拉布利亞人的健康情況幾十年了，於是巴瑞爾順勢以他們為研究對象，爾後有了重大發現。這群人中，年長者的TAS2R16苦味基因發生突變的比例較高。換句話說，年紀愈大的人，這個基因發生突變的機率也愈高。缺少這項基因突變的人壽命較短，因此推測它的存在可能和長壽有關。巴瑞爾懷疑，關鍵有可能是位於腸道的苦味受體，雖然我們還不明白它們的功用，但是它們可能對新陳代謝有某種助益。

一直到不久之前，大部分的味覺研究都還是著重在舌頭與知覺。但是我們現在知道，它們的影響範圍不僅於此。位於身體其他部位的苦味受體，屬於一種另類的味覺系統。它們和位在舌頭上的受體不一樣，與我們的意識無關，不過真正的功用還有待釐清。說到底，現在我們所說的味道，或許只是某個更大的系統裡的冰山一角而已。它的作用從嘴巴開始，接著進到黑暗的腸道，再從那裡進到身體的各個部位。我們的身體彷彿沉浸在化學湧流的世界中，數不盡的感知細胞，就這樣不停的在當中傳送與接收訊息。

• • •

身體對苦味的偏好，或許是當今苦味食物之所以普及的原因。人們對帶有苦味的物質有需求，而這些物質多是無害的，少量攝取時甚至有益處。早期的人以嚼柳樹皮來舒緩疼痛和解熱，樹皮含的柳苷是一種類似阿斯匹靈的抗發炎化合物。苦瓜是一種生長在亞洲、非洲和加勒比海岸的蔬果，它所含的苦味物質可以降低血糖。在人類往四面八方擴展時，嘗得到苦味的人或許能幫助同伴偵查有苦味的食物，提高大家的生存機率，嘗不到苦味的人則可以多方嘗試新食物，一旦發現可疑的植物，就找嘗得到苦味的人來幫忙。

人類的適應能力是很強的。玻利維亞的亞蒂普蘭諾（Altiplano）農場上，有一種很苦的馬鈴薯，但當地人早已習慣了它的味道。一九八〇年代做的味覺測試顯示，這裡的人對苦味的敏感度遠比美國人低，但是每個人都嘗得到PTC的苦味。他們辨識苦味的能力是在的，只是因為飲食上的需求，敏感度降低了。如果馬鈴薯的味道苦到連他們也無法承受時，就是有毒了。

就像身體的其他部位一樣，味覺是遺傳和生活經驗交互影響下的產物。隨著年紀增長、嘗過的食物種類不斷增加，我們的大腦中負責噁心反應的神經網路也會改變。有人之前完全不敢吃苦瓜，現在反倒甘之如飴。味覺的反差、對苦味莫名的欲望，都讓吃東西這件事更添樂趣了。

故事的發展可能是這樣的：渡過曼德海峽後，人類繼續繁衍了幾個世代，這時，有一組人遷移到地中海北邊，在山谷間住了下來。他們在樹叢下尋找食物時，發現蜿蜒的樹根上長著小枝枒，那是某種蕓薹屬（*Brassica*）的植物，綠花椰菜和芥菜的前身。它們的味道或許不怎麼樣，卻富含營養素，其中的異構硫氰酸鹽（isothiocyanates）可以促進免疫功能，預防癌症。這對布希總統和所有不喜歡綠花椰菜的人，真是莫大的遺憾——因為蕓薹屬植物的地位就此奠定。

這些香味的影像變成了生活經驗裡的精緻畫像。這讓嗅覺既有直接性也有立即性的情境，當最輕微的一點點類似香氣出現，有可能就引發記憶與感情大量湧現。

第四章
味道的文化

苦艾酒，這種用茴芹加上多種草藥與萃取液製作成的綠色酒精飲料，以既神祕又危險著稱。一七〇〇年代，苦艾酒在瑞士發明出來時是拿來當做萬用藥水，後來才變成藝術家、作家和波西米亞人偏愛的酒飲，這些人特別喜歡它的那種草藥味，以及傳說中它所產生的那種鮮明強烈的興奮感。在世紀末（fin de siècle）的巴黎，它形成了一種魔咒。王爾德寫過這樣的話：「夕陽和一杯苦艾酒，兩者之間有什麼差別呢？」海明威在《戰地鐘聲》（*For Whom the Bell Tolls*）就形容苦艾酒像「混濁、苦澀、麻痺舌頭、醒腦、暖胃、改變思想的神奇藥水」。

苦艾酒的其中一種成分是「側柏酮」，這是從中亞苦蒿（wormwood）這種小型灌木的花取出，一種帶有薄荷香味、苦味強烈的化學物質（在傳統民俗療法中，仍然會用苦蒿萃取物來治療腸道寄生蟲，還有用它來殺死昆蟲）。一個世紀前，一般認為高劑量的側柏酮會引發幻覺（致幻）和發瘋。梵谷就是苦艾酒的重度愛好者；一八八七年，他畫了靜物畫《苦艾酒和水瓶》（*Glass of Absinthe and A Carafe*），裡頭畫了巴黎一家咖啡廳桌上一杯倒得很滿、閃著微光、淡綠色的酒，旁邊立著一只水瓶。他在一八九〇年自殺之後，藝術界推論，他身上發生的每件事，從色彩認知能力缺陷（造成他繪畫上使用鮮活的色彩和陰鬱的筆法），到精神退化、自殺行為本身，苦艾酒都脫不了關係。

曾被稱為「綠仙子」的苦艾酒，後來成了大家口中的「綠巫婆」和「毒藥之后」。在一九〇五年，瑞士一名工人持續狂飲苦艾酒之後，射殺了他有孕的妻子和兩個小孩，瑞士政府就禁了苦艾酒。法國政府在一九一五年跟進；「苦艾酒中毒」（absinthism）被歸咎為侵蝕法國文化的因素。對苦艾酒的這種恐懼持續了好幾十年。甚至美國在一九三三年解除禁酒令之後，苦艾酒在美國直到二〇〇七年都還是違禁品。

現代科學已經證實苦艾酒背了黑鍋。儘管側柏酮會阻斷GABA受器（神經系統主要傳訊工具之一）的行動，然而要出現任何效果，可要攝取相當大量的側柏酮才行。二〇〇八年一項針對十三種百年歷史的苦艾酒所做的研究發現，每一種苦艾酒都只含有極微量的側柏酮；就算嗜飲苦艾酒成癮，在側柏酮造成任何傷害之前早就酒精中毒了。學者們現在相信，梵谷的頹靡是某種心理疾病加上酒癮造成的。

由於法律的限制開放了，具商業企圖心的飲料製造商就開始再度製造苦艾酒，讓它重現江湖。其中一個製造商杰德・哈斯（Jed Haas），於二〇一一年在紐奧良一處工業區的高架道路下方，一間不起眼的磚造房間裡建造了一座蒸餾廠。他和合夥人把蒸餾廠取名為Atelier Vie，法文的「生活工坊」之意。

蒸餾，這種把液體加熱、蒸發然後凝結來加以純化的過程，可以回溯到古代世界（「精餾酒精」〔distilled spirit〕一詞是阿拉伯煉金師創造出來的，他們認為蒸氣裡頭含有一個物質的靈魂）。蒸餾的酒精是相對較新的發明。在十二世紀，義大利薩勒諾（Salerno）的醫生就開始持續地製造蒸餾酒精來做醫療用途；一個世紀後的中國，蒸餾過的酒成了上流階層之間頗受歡迎的酒品。製作這些酒，需要用到幾個步驟。第一步，必須要有酒精飲料；這種酒可以是水果酒（白蘭地的基底），或者是大麥漿（威士忌的基底），或是發酵的糖蜜（蘭姆酒的基底）。把酒放到蒸餾器裡，加熱到比酒精沸點（攝氏七八・四度）高、比水的沸點（攝氏一百度）低的溫度。酒精蒸發的速度比較快，使得產生的蒸氣比原本的酒濃度更高。用最簡單的蒸餾器來蒸餾的話，產生的酒精蒸氣會從加熱的蒸餾壺流到分開的容器，蒸氣在這個容器裡冷卻、凝結成液滴，然後集中在第三個容器裡。最後蒸餾出來的酒可能就會讓它熟成或加以調味。

製作苦艾酒的蒸餾過程就稍微曲折一些。首先，在先前蒸餾出來的精餾酒裡浸泡了草藥。Atelier Vie使用了蘭姆酒，它的少許甜味中和了藥草的苦味。這種有酒精的「茶」後來會再蒸餾過。這種再蒸餾方式讓苦艾酒成了市場上最烈的酒之一；Atelier Vie苦艾酒的酒精度達到六十八度（蘇格蘭威士忌基本上大概是四十度到五十度）。

要調一杯苦艾酒給客人也涉及到一點化學技巧。首先，哈斯把一些他生產的苦艾酒倒進玻璃杯裡；他的苦艾酒不是藥草的綠色，而是深紅色，是二次熬煮了包括芙蓉花這種天然色彩所產生的。接著他在杯緣上面放了一支華麗、有溝槽的銀湯匙，在匙勺放一塊方糖，在上面淋上冰凍過的水。當糖水和苦艾酒混合，沒有溶解的藥草混合物會結合在一起，把酒變得混濁；這種調酒方式叫做「乳化」（louche），法文的「遮蔽」之意。

像Atelier Vie的「圖盧茲紅」（Toulouse Red）這種酒，全憑數百年來一點一滴改良、技術上的進步，加上文化的助長，才會出現。它要從自然界經過層層步驟而取得，它的原始成分已經轉變得無法辨認了。它在大腦裡造成的感覺和影響，似乎是古代狩獵採集時期的任何食物裡頭都找不到的。這些差異可以追溯到一萬兩千年前，文明本身誕生之際，當時，文化和人們使用的工具出現極大幅的變革，而味道就隨著這些差異出現。

在當時，後非洲大遷徙正要結束。冰河時期已經結束，冰川正在消融，在歐亞開始穩定形成乾暖夏天與溼冷冬天的氣候。像小麥、大麥、黑麥這類的野草開始大量生長，在肥沃月灣地區（橫跨底格里斯河和幼發拉底河河谷的這片區域）散布開來。人類開始食用這些草，然後開始種植。在距離不遠處的山區，有另外一批人則是學會了放牧山羊和綿羊的訣竅。當人們不再狩獵和採集，種植的穀類和畜養的動物，就取代了在大自然裡找到的較多樣化的食物。

這種飲食簡化的改變，隨之而來的是大量的食物和味道的革新。其中的一種變革，可以媲美用火烹食：人類開始活用發酵作用。時至今日，世界上有很多味道都是來自發酵，它的特徵奠基於消耗品的大薈萃，這些消耗品，除了白酒以外，包括了水果酒、啤酒、起司、優酪乳、豆腐、醬油和泡菜。

發酵是一種基本的生物能力，是特定種類細菌與真菌的新陳代謝作用。這些單細胞生物屬於微生物，無所不在的大量微生物遍布範圍涵蓋了人類皮膚表面、覆在我們的體內層，而且在地球的每寸土地上孳生。這些微生物最重要的工作之一，就是腐敗作用：微生物會盡情享用壞死的組織，讓壞死組織的分子再投入生命的循環裡。發酵是一種特殊的腐敗作用，在缺氧的環境下分解碳水化合物。發酵作用的巧妙之處，是能讓腐敗的東西嘗起來更美味，而不是更糟糕。

發酵作用的副產物有二氧化碳、酸、乙醇，和大量無用的分子。就是後兩種副產物——對微生物無用的廢棄物——準確地表達了史前的想像力。它們的味道既複雜又誘人。乙醇也會轉變大腦的化學機制，降低拘謹感、潤滑社交交流。這些新感受撼動了受到遏制的口味，改變了味道本身的性質。味覺和嗅覺往往被認為是嘴裡和鼻子裡的一連串化學反應。不過味道只會在這個系統的另一端「大腦」中甦醒過來，大腦中的化學活動轉變成感覺和意識。就因為烹調方法的出現，讓新的味道和新的營養成分釋放出來，影響了演化過程，發酵作用讓它本身在人類生物學以及人類的心理上，占了一席之地。

• • •

實際上，沒有所謂的「第一種」酒精飲料、起司或任何特別的發酵食物。就像烹飪，這些食物很可能在不只一個地方被發明過很多次。不過這些調製品和煮熟的食物完全不同。這些文明的工具讓史前人類得以對大自然（尤其是微生物學方面）有某種程度的掌握，這是以前未曾達到的境界。

所有的這些成功要素，在大自然裡早已經就位，等著被湊在一塊兒。其中一種地球上最豐富、最有用處的微生物，是釀酒酵母（*Saccharomyces cerevisiae*）。可以說幾乎所有酒飲的背後都得靠它，另外還有麵包以及其他烘焙商品也是，所以它也被稱為麵包酵母。釀酒酵母是一種超級微生物，它在儲存能量方面很有效率，而且能產生足夠殺光其他酵母的酒精量，消滅它的競爭對手。在波蘭和多明尼加共和國發現的琥珀裡頭的螞蟻類昆蟲腳上，仍然保存了麵包酵母的DNA，這顯示它已經存在數千萬年之久了。

對於麵包酵母無所不在，有一個很耐人尋味的解釋：大黃蜂。大黃蜂的內臟裡帶有酵母，而且牠們會被水果吸引。在產水果酒的國家裡，每季葡萄成熟的時候，黃蜂往往就在附近築巢。義大利佛羅倫斯大學的科學家，正要找出證據證明這兩種現象有關聯。他們從義大利的蜂群裡捕捉大黃蜂，分析牠們的內臟。在三百九十三種不同種類的酵母當中，麵包酵母的品種脫穎而出。其他酵母在整年的過程裡會產生變化且變衰弱，但是麵包酵母會一直都在。它會利用待在受精蜂后的內臟裡，安然度過冬季，藉此捱過寒冷的天氣存活下來。一旦春天來臨，年輕的大黃蜂離巢組成自己的蜂群聚落，麵包酵母就跟著牠們落腳。事實上，大黃蜂是全球酵母傳播網絡的一員；DNA證據把義大利葡萄園和義大利及義大利以外的許多地方都連結起來了：釀酒廠、棕櫚酒酒廠，還有遠到非洲的麵包烤爐。

這代表智人幾乎不會是第一個碰到發酵產物的物種。自然界有它自己的酒精飲料，靠著麵包酵母和其他種類的酵母在成熟水果上的作用製造出來。在馬來西亞西部雨林發現的玻淡棕櫚（*Eugeissona tristis*）的花苞，流出的花蜜的酒精含量和手工釀製的淡麥酒差不多。熟成過程會使得玻淡棕櫚的綠色果實上產生淡色的紋路，並且讓果漿變甜；酵母把糖分發酵了。對植物來說，這樣的策略是有好處的：酒精味相當於化學的雪巴人，能把氣味散播得又遠又廣，吸引昆蟲來協助授粉，還有吸引地鼠和懶猴來協助散播種子。

在巴拿馬，吼猴會因為吃到含酒的棕櫚果實，醉醺醺地在樹木之間擺盪穿過樹林，而經常身陷險境。生物學家羅伯特・杜德利（Robert Dudley）在巴拿馬運河巴洛科羅拉多島（Barro Colorado Island）的保護區，追蹤了這些吼猴酒鬼。其中一隻猴子爬上一棵三十尺高的棕櫚樹，然後跳到另一棵樹，抓取長在接近樹頂的亮橘色果實。每顆果實牠都仔細地嗅了嗅。在二十分鐘內，牠已經吃掉了相當於兩瓶酒的酒精量的水果。牠吃掉的水果越多，在樹枝上的動作就變得越莽撞。不過牠都沒有摔下來。

不過就杜德利的看法，似乎這些猴子就是不會吃到爛醉如泥。牠們是挑剔的品味家，在各種不同的果實裡挑三揀四的，找出最剛好的成熟度，在糖的甜度和酒精的嗆辣之間找到最美味的平衡點，彷彿參加品酒會似的。杜德利覺得，喝酒好像是靈長目動物常幹的事。他把這個論點叫做「醉猴假說」(Drunken monkey hypothesis)：「在食物裡有定量的酒精是正常的，而且決定了人類大腦和新陳代謝方式的發展。」(像吃、喝太多糖分造成的疾病那樣，在人體演化得只能忍受有限量的某些東西時，酗酒似乎是文明製造出太多這類東西所造成的一個不幸影響。)

早期的人類離開雨林，橫越稀樹草原，穿過隘口，最後盤據在許多沒有成熟棕櫚花苞的地方。不過這些地方還有其他機會。美國賓州大學的人類學家派屈克・麥高文(Patrick McGovern)認為，早期飲料的發展，是來自一連串的意外。在暴風雨中，樹上的蜂巢鬆脫掉下來。酵母在水中游動，接著蜂蜜開始作用，在幾天之內水與蜂蜜混合物就會發酵成蜂蜜酒。「蜂蜜＋水＋時間」是人類必定會注意、記住、分享的簡單食譜。採集者或許採集過蜂窩，把蜂窩放在中空的岩石裡頭，用水浸泡，然後放在太陽底下。

到了某個時期，人類開始用中空的葫蘆保存食物，這個發明讓糧食的演變能夠從新鮮到壞掉，到被研究和測試。人類對發酵的掌握，是從不斷對抗腐爛的爭戰，而且往往敗下陣來的過程中，得到成長的。野生葡萄貯存在葫蘆裡的時候，有些葡萄會被擠壓，壓破葡萄皮，含糖分的葡萄汁就流進飢餓的酵母菌的懷抱裡了。發酵的葡萄汁會開始產生白沫並冒出氣泡。幾天之後，它會變成稀稀爛爛、稍微帶酒精的葡萄酒，只有在它變成葡萄醋之前的短暫時間裡才好喝。所以唯一的選擇就是喝掉、享受它的味道。到最後，這類的意外變成了食譜。

一九九〇年代，在中國黃河支流沿岸挖掘出來的一個村子「賈湖」，發現了最早的系統化飲料製作的證據，人類在該地點定居的時間大約是九千年前。這一次考古挖掘活動，得到證據證實這個村落複雜成熟得多麼驚人。其年代可追溯到文明剛萌芽之後不久：在土屋群聚落旁邊，就有一片數百座墳墓的墓地。那時候已經建立了社會階級；有的遺體旁邊，有用玳瑁殼裝飾的珠寶和符合禮節的陶器陪葬。人們已經具有精良的工具製作技術，而且很顯然具有音樂才能：有些墓穴裡頭，找到了切割雕琢過的骨頭製成的笛子，是目前所發現最早的樂器。這些笛子還可以吹奏，產生清亮、優雅的音調。考古學家也發掘出一些中國目前已知最早的造字字源，是書寫文字的開端。這些文字銘刻在骨頭和龜殼上：一個眼睛、一個窗子，還有用來代表數字一、二、八、十的符號。

賈湖的工匠也建造了土窯來燒製陶器，這裡也挖掘出許多陶罐和陶器碎片。麥高文第一次看到這些陶土罐時，大吃一驚：這些罐子很明顯是裝飲料的容器，和古希臘裝酒的土罐很相似，但是歷史更為久遠。最重要的是，罐子裡不是空的：有些罐子裡面襯著一層乾掉的、帶淡紅色光澤的東西，是某種液體的殘留物。

古代酒是麥高文專精的部分。這項工作很難搞，因為酒精不會留下痕跡：它會快速揮發，而且零星分散的分子也可能會被微生物消耗掉。他的證據大部分是間接的，是根據他能辨認出來的其他成分來決定的。把這些酒的殘留物進行化學分析後，麥高文發現裡頭含有酒石酸，而這種酸是從水果來的。裡頭也出現蜂蠟的特徵，明白顯示蜂蜜是另一種成分。最後，經過碳同位素測試顯示，在當時米已經出現了。另外，也出現有草藥和樹脂（古代的葡萄酒製造者通常用它來當保存劑，它還會讓酒有一股強烈的檸檬香味）的痕跡。那種飲料必定是介於蜂蜜酒和水果酒之間的混種產物，由發酵後的蜂蜜、葡萄、山楂果和米製成。這種酒很可能是用在宗教祭典上，不過它也很普遍常見：在墓穴和住家裡頭，都發現了裝過酒飲的陶罐的碎片。這種酒根本就像是賈湖居民的一手啤酒。

光是知道製作賈湖這些酒的化學成分，麥高文並不滿意。他想嘗嘗這種酒的味道。他覺得，喝個一小口，就可能有助於喚醒從前已消逝和接觸不到的生活瞬間。這有助於解釋文明如何改變人類，從腐爛的蛛絲馬跡背後找到古人類的生活經驗——不只是他們嘗過什麼東西，還有他們如何品嘗、如何感覺。

在一九九九年，麥高文和山姆・卡勒吉奧尼（Sam Calagione）配合，從土耳其的邁達斯王（King Midas）兩千七百年古墳裡發現的古代酒成分，重現這種古代酒。山姆・卡勒吉奧尼是德拉瓦州米爾頓市（Milton）角鯊頭手工釀酒廠（Dogfish Head Craft Brewery）的創辦人，他受到愛唱反調、貶低抨擊他初期手工啤酒的那些人的刺激，加上發現了他們料想不到的那些釀酒成分像是杜松子、菊苣和甘草根，因而起心動念。他說：「一堆所謂的正統派，我會說他們是菁英主義者，他們會說：『你要專注在釀酒的歷史啊。』」研究釀酒史時，卡勒吉奧尼發現，現代啤酒的製作食譜可以追溯到一五一六年的一條巴伐利亞法律，叫做純酒令（*Reinheitsgebot*；英文：beer purity act）。這條法律強制規定，啤酒的原料只能是水、大麥和啤酒花（加上酵母，在十六世紀還不知道酵母這種東西）。這條法律現在在德國仍然在實施，不過進口啤酒不在此限。

卡勒吉奧尼開始尋找一些純酒令以前消失的釀酒傳統。他遇到麥高文的時候說：「我可以看出我們是同一類的人。」他們一起試圖重現邁達斯王古代酒的成分。為了釀出一種有三千年歷史、名為「塔恩科特」（Ta Henket）的古埃及淡麥酒，卡勒吉奧尼把鋪上糖的培養皿放在埃及的一座海棗農場，用來取得從天而降的酵母，標定酵母的DNA圖譜以確定它們的發源地，培養那些可能是古代法老王使用的酵母菌後代的菌株。為了製作古祕魯玉米啤酒，他花了四天咀嚼玉米粒，這麼一來，他的唾液就會把玉米粒澱粉分解成糖。

至於賈湖的酒，麥高文和卡勒吉奧尼只有一份原始的化學分析得到的可能成分表，沒有數量和說明。賈湖的住民從附近的森林和山腰，以及他們村裡的稻米存糧裡，採集釀酒材料。九千年後，麥高文和卡勒吉奧尼勢必得靠即興發揮。原本是最合用的中國品種葡萄，在美國沒辦法輕易取得。酸酸小小的山楂果也一樣難以取得。他們兩人最終決定使用罐裝的麝香葡萄，這種葡萄在基因上，近似賈湖釀酒工匠使用的那種野生歐亞種葡萄。釀酒公司可以從中國進口五十磅袋裝的山楂果粉。

賈湖村民種植過稻米並進行加工。這就意味著，不管是糙米（沒有加工過的米）或白米（用現代技術加工過的），都不適合用來重現古酒。所以麥高文和角鯊頭釀酒廠團隊使用一種還留著米糠和稻殼、預先煮過的米。最後，要達到發酵的階段，米裡面的澱粉必須分解成酵母能夠代謝的糖。為此，他們改成使用亞洲菜常用的「麴」（koji）來擔任這項任務，那是在米加入米麴菌（*Aspergillus oryzae*）這種真菌製成的混合物。這也是一種取巧作法，因為賈湖村民採用的，勢必是更原始的方法——口水，裡頭含有必要的酶。

在經過三個星期的釀製過程之後，他們製成了這種中國古酒，取名為「賈湖城」（Chateau Jiahu）。麥高文覺得它相當好喝：充滿泡泡、醇厚、餘韻十足（他也斷定，它是搭配中國菜的理想酒飲）。我自己試喝過，在帶有苦味的餘韻出現之前，蜂蜜讓這種酒有柔順的口感。不難想像，在夏日的夜裡，太陽下山，種的稻子和畜養的豬，燃燒的小火堆，也許還有一點演奏的笛聲。角鯊頭釀酒廠現在仍繼續釀製、銷售「賈湖城」。

•••

在整個歷史上，飢餓的微生物不只是讓成熟的水果和蜂蜜發酵，還造成很多食物、食品發酵，帶動了一連串的廚藝實驗。其中一個，就在發現賈湖遺址的幾千年以前開始的，在大約四千英里外、今日土耳其與伊朗一帶的山區裡發生的。

當時必定出現了像這樣的情景：一名牧人從小棚的陰影裡冒出。晨光照亮了下方山腰上一點一點散布著的一小群山羊。牧人走向附近用樹枝編成、為他捕捉到的母原牛（一種已滅絕的野牛）與牛犢所搭建的畜欄。原牛的脾氣很暴躁難搞，不過這頭原牛已經算是他見過最安靜的了，因此他想盡辦法要把牠馴化並繁殖。他拉扯著母原牛的乳房，把牛乳裝滿陶罐。喝牛奶會讓他的胃不舒服，不過一旦他把牛奶閒置個一、兩天，結成塊的凝乳（是最簡單的一種乳酪）會變成讓人滿意的餐點。

原牛有著大塊大塊的肌肉，是讓人難以抗拒的食物來源，而這時期的牧人已經具有掌控山羊群與綿羊群的長足經驗了。不過這兩者都是容易馴服的生物；野生山羊甚至會在山洞裡找掩蔽；這些山羊通常都能圈養。原牛比較有野性、具敵意而且無法預測行動。要捕捉原牛來繁殖，幾乎是不可能的任務。

巴黎的法國國家科學研究中心（French National Centre for Scientific Research）的茹絲・波隆季諾（Ruth Bollongino），帶領科學家分析了現代乳牛的DNA，並且拿分析結果和化石取得的古代母牛DNA比對。他們推斷，現今存在的所有牛隻，是從大約八十種野生動物遺傳下來的，而且最初的馴化過程，很可能是在一次頗具企圖心（或者只是固執）的計畫裡，在歐亞大陸山區的單一地點（也可能是兩個地方）進行的，而山羊就在這個計畫裡一代一代傳了下來。科學家藉由比對DNA證據和畜養家畜的考古學證據，估計這個成功的馴化過程大約耗時兩千年。世界上最主要的乳酪類型——奶製的乳酪，就是在這次困難重重的馴化過程裡出現的，這場馴化過程也改變了人類基因、人類生物學，以及人類的口味。

在牛馴化之前，幾乎所有成人人類都沒有辦法消化乳糖，而乳糖是在所有哺乳動物的乳汁裡都有豐富含量的一種糖。幼童的身體會製造乳糖酵素，這種酵素能分解乳糖，但是他們長大成人之後就會喪失這種能力。在哺乳動物裡，斷奶之後喪失這種消化能力是常見的事：這能斷除吸引你回頭喝母奶的誘因。有乳糖不耐症的人，喝牛奶會引起脹氣和腹瀉這類不舒服的副作用。史前時代的牧人如果知道，這種只有幼童才能喝的龐大營養來源根本就唾手可得，一定會氣死。

不過，當牛奶放得越久，桿狀微生物就會開始分解裡面的乳糖。乳桿菌目（Lactobacillales）的細菌和人體與人類吃的食物密不可分。用來製作優酪乳的嗜乳酸桿菌（*Lactobacillus acidophilus*）是在嘴巴和咽喉、小腸和陰道裡發現的。在同一目的成員裡，有幾種鏈球菌屬細菌會引發膿毒性咽喉炎和肺炎；另外有幾種可以用來製作乳酪。壞掉的牛奶基本上有一部分是可以消化的，因為它的乳酸已經被分解了。這個發現對我們的老祖宗來說，是營養來源的一項大禮：不能喝牛奶的成人，可以忍受經細菌處理過的結塊乳酪。

牛隻生產的乳量要遠比山羊或綿羊多得多。大約在一萬年前，孤獨的原牛繁殖者的實驗經過了好幾個世代之後，千辛萬苦進行馴化的努力終於有了回報，牧人開始把飼養山羊和綿羊換成飼養牛隻。畜牧風氣橫掃歐洲西部和北部，而讓人類能夠消化乳酸的基因，也隨著這股風氣傳播開了。而一種正向回饋的循環也在進行著：能夠消化牛奶和乳酪的人，就會在乳製品為主食的社會生活得比較好；人們食用的牛奶和乳酪越多，乳製品就擴展得越廣。到了今天，北歐大概只有百分之五的人有乳糖不耐症。在西非和亞洲部分地區，因為乳製品從沒廣為流行過，所以大部分的人仍然有乳糖不耐症。

當乳品製造者要製作貯存牛奶的容器以及處理牛奶的工具時，就開始發展起手工藝了。科學家已經從土耳其安那托利亞（Anatolia）西北部出土的陶罐碎片上，發現牛奶脂肪的碳記號，可以定年到大約八千五百至七千年前，而用來分離凝乳塊和乳清的過濾器，是在一千五百英里外的波蘭庫亞維（Kuyavia）發現的，定年後發現是差不多同時代的東西。

古代的牧人為了調整他們那些發酸、結塊的乳酪的味道，可能添加了檸檬汁或醋來加速發酵作用，或是加入鹽水來鹽化乳酪。他們也可能會把一整罐發酸的牛奶掛在火上面煮，靠加熱來讓凝乳凝結。在這些過程中改變時間、加熱以及溼度的平衡，會讓某些乳酪變酸，有的變淡、呈乳狀，有些則是變稠密、刺鼻，有的聞起來像一股濃濃的汗臭味。

用動物的胃來做成水壺的史前牧人很可能發現，他們攜帶的牛奶早已凝固。造成這種變化的原因是凝乳酵素，這是在山羊與綿羊消化系統裡發現的一種含豐富酵素的強力凝結劑，它能藉由減緩乳汁進入小腸的速度，來幫助山羊與綿羊消化乳汁。凝乳酵素會攻擊酪蛋白這種牛奶蛋白，這種蛋白是靠鬆散、疏水性的圓球把細長、扭曲的分子拉攏在一起。被分解的時候，這些圓球會開始聚集在一起。

在乳酪裡面，凝乳酵素會產生固體的堅硬度。只用乳酸菌來製作的乳酪，會變成糊糊的或很容易碎掉；而用了凝乳酵素製作的乳酪，包括最普遍常見的切達乳酪（cheddar）、瑞士起司和高達乳酪（gouda），都很扎實。這過程也提供了分解的二級酪蛋白，讓乳桿菌屬的細菌來代謝轉化成香味。在最近的這兩千多年裡，還有更多種微生物被加到這種混合物裡頭，而大多數最開始都是意外加進去的。乳酪上會自然而然地發黴；人類發現有些嘗起來很美味，也找到了運用這些黴菌的方法。其中一種用來製作藍紋乳酪的洛克福耳青黴菌（*Penicillium roqueforti*），會產生脂酶，這是會在乳酪熟成過程中分解脂肪的一種酵素，會產生刺鼻味以及藍綠色的大理石紋。

本質上來說，運用這些新的微生物，可以算是古時候的生物工程。這些微生物不像麵包酵母，有的並不是天生適合這項工作，是必須經過「（微生物）馴化」的。「我們會選擇有很多羊毛的綿羊，有很多肉的牛，還有結的果實比較大的植物。食物中，葡萄酒、乳酪和優酪乳也都牽涉到利用人類馴化過的微生物。然而儘管我們對動植物了解很多，卻不是那麼清楚我們和微生物的關係。」美國范德堡大學（Vanderbilt University）微生物學家安東尼斯・洛卡斯（Antonis Rokas）這麼解釋。

用來釀造「賈湖城」啤酒的米麴菌，會產生很纖細的黃綠色菌絲，這種菌絲用肉眼看不到，但有時候上面會生出孢子覆蓋著，呈現出像茸毛般的外觀。米麴菌會把澱粉分解成糖，然後再靠著麵包酵母把糖轉化成酒精。現今所有用穀物製作的酒飲包括啤酒、清酒和蒸餾白酒，都出現這種最佳搭檔的變化型。加入了麴菌的米，可以用來發酵大豆製造醬油、味噌和其他菜餚。日本的超市裡就有販售密封袋裝的米麴。洛卡斯和他的實驗室團隊把米麴菌的基因組（由日本科學家在二〇〇五年加以定序）和最接近它的野生近親黃麴菌（*Aspergillus flavus*）進行比對，就像人們為了了解犬科動物如何演變成狗，而比對狼和可卡犬（cocker spaniel）的基因、生理構造與行為。

黃麴菌對於農業是一大禍害，而且是黃麴毒素（aflatoxin）這種劇毒的來源，而黃麴毒素會造成肝癌、急性肝炎和免疫系統傷害。米麴菌和黃麴菌這兩種真菌的基因有百分之九十九・五相同；DNA證據顯示，米麴菌很可能源自大約四千多年前，某些東亞人做的一次黃麴菌培養的單一一次微生物馴化的結果。

就像狗能育種出親人、忠心的狗，麴菌也能培育出能製造香味的菌。最早的跡象是麴菌的穩定性。不同批的黃麴菌之間DNA變化很大，甚至有的黃麴菌是無毒的；古時候最早的釀酒人，很可能就是選用了這種黃麴真菌（要是選了其他種類的黃麴菌，就會害人生病）。不過，麴菌在基因上都很相似，在分解澱粉以及製造有香味的副產物方面的效率很高。它們其中一個基因帶有製造穀氨醯胺酶（glutaminase）的指令，這是能協助在鮮味裡產生活性成分的一種酶。由九種基因組成的基因群會製造出倍半萜（sesquiterpenes），這是一種存在於薑、茉莉和香茅的化合物，能夠提升芳香感。到了今日，食品公司會生產這種分子並加以運用。

• • •

這種由發酵作用解放出來的新味道分子大軍，大大刺激了古代人類的味覺和嗅覺。香味的強大威力，得自於它在感官之間創造的增效作用，身體的不同系統與大腦聯合起來，形成了比各部分的總和更為強大的東西。尤其是發酵食品，更會放大這種效應。「我比較傾向認為，味覺和嗅覺事實上只是一種感官，它們的實驗室就在口腔，而它們的煙囪就是鼻子。」前法國改革家、美食家薩瓦蘭（Jean Anthelme Brillat-Savarin）在一八二五年的著作《味覺的生理學》（*The Physiology of Taste*；或*Meditations on Transcendental Gastronomy*）裡這麼寫。這本書透過探索烹飪與感官的世界的一段旅程，奠立了一個不朽的類別：美食隨筆寫作（薩瓦蘭也寫出了「人如其食」這句諺語）。薩瓦蘭在書中主張，味道完全不被視為靜態的現象，而是被看作一種過程。當香味舒展開來，在它終於消失之前，感官就會被活化——有時候是分別活化，有時候是一起活化：

舉例來說，吃桃子的人，最開始是很驚喜地感到桃子香氣的衝擊；他把一片桃子放進嘴裡，享受那酸甜新鮮的感覺，彷彿在邀請他一片接一片繼續吃；不過，要一直到吞下去的瞬間，滿嘴的水果通過鼻腔下方的時候，才會完全呈現出完整的香味；而且，這樣才能讓桃子引起的感覺變完整。最後，要一直到桃子被吞下肚，這個人（再仔細想過剛剛體驗到的滋味之後）才會告訴自己，「現在終於嘗到真正美味的東西了！」

嘴巴和鼻子並不是離得很遠，但是它們的構造和功能卻完全不同——讓人意外的是，味覺和嗅覺完全能夠一起作用。

科學家已經發現，只有五種基本味道，靠數十種基因編排組合。每一種味道都是獨一無二、固定不變，而且在食物與飲料的各種複雜味道混合物裡頭，都能夠立刻辨識出來。另一方面，氣味實際上是無法衡量的：我們人類的四百多種嗅覺受體，能偵測到多達百萬種完全不同的氣味。和香味分子有關聯的嗅覺受體，在組合上要比和味覺有關的受體複雜得多。氣味也是比較不容易察覺的感覺，它們會天衣無縫地混合到味道裡面，在整個味道裡隱藏自己的身分。這樣兼具優勢的範圍與細膩度的組合，讓氣味成了味道裡頭唯一最具影響力的元素。

人類大腦裡主管嗅覺的生理構造，會從不斷變化流洩的氣味與香味裡，從容地召喚出明確的目標。在一九七四年的某一天，神經生物學家高登・薛佛（Gordon Shepherd）走進馬里蘭州的一家超市，買了一大塊味道很濃的切達乳酪。薛佛打算弄清楚大腦是怎麼解讀香氣的，這在當時大體上還是個未解之謎。從古希臘時代開始一直到現在，要解開這個謎團的困難之處，就是必須分析個人主觀的經驗。大腦裡活著的神經網路的活動，是無法得知的。平常的X光機沒辦法偵測到大腦裡的血液流動和神經元放電。有時候科學家會在動物和人類身上植入電極，只不過這種做法有些粗糙也不精確。

薛佛使用的是一種新方法——現今功能性磁振造影機（fMRI）掃描技術的先驅；他和美國國家衛生研究院（National Institutes of Health）的同事，在老鼠和兔子體內注射了一種放射性同位素，這種同位素會自己附著在大腦裡神經元放電的區域。動物嗅到切達乳酪的氣味時，牠們的嗅球會繪製出複雜精細的活動圖紋。可惜的是，以動物來說，要看到這個模式的唯一方法，是直接檢查牠的大腦。在嗅聞乳酪四十五分鐘之後，實驗的動物就會被安樂死，用X光機拍下牠們的嗅球剖面，然後再用顯微鏡仔細研究X光片。

每一種香氣都會產生獨一無二的圖紋，就類似抽象的點彩畫畫作。薛佛斷定，嗅覺可能就像視覺；每種氣味會製造出它自己獨特的「形象」。在眼睛裡，視網膜會把照射在它上面的光線，轉換成大腦神經元放電模式。嗅球會把氣味、香味用另一種圖紋形式編碼，而我們會把這種編碼當成某種氣味，或是某個味道的一部分。進一步的研究顯示，大腦會把這種氣味影像進一步改善，加入對比，產生能夠以它們自己的方式辨認出來的鮮明圖案，就像華盛頓紀念碑或《蒙娜麗莎的微笑》那樣。這是大腦要分辨出這麼多氣味的一種方法。

香氣（尤其是從發酵食品的複雜味道裡散發出來的香氣）很容易馬上辨認出來，卻很難描述。一般來說，我們反倒會用其他可類比的東西來形容氣味，像是「咖啡的香味」、「煙燻味」。用這種方法辨識，氣味就會像是臉孔那樣。「我們在認人的臉孔很厲害，但是要用言語來形容就會詞窮了。」薛佛說：「氣味也是一樣，像是不規則的圖案，我們沒有意識到的圖案，但是大腦必須用能夠形容這些圖案的潛在語言，來連結這種認知的過程。像是聽過音樂片段之後，要用言語來形容，也是很困難。」

乳酪裡一波波的微生物活動，留下了一堆由酒精、酸、醛、脂和含硫物質組成的化學物質大雜燴。許多附著在水蒸氣或乙醇分子的化學物質，就隨之飄散到空氣裡，形成令人回味的芳香。其中在卡門貝爾乳酪（Camembert）裡發現的化學物質「乙醛」，會產生一種有刺激性、有堅果味和優格味的味道。在高達乳酪發現的化合物2—甲基丙醛（2-methylpropanal），具有帶麥芽香的香蕉味道，還有很微細的巧克力味，而（高達與切達乳酪裡的）丁酸，具有像汗臭味的那種典型的乳酪、汗酸、腐臭味。（切達乳酪裡的）甲二磺醛（methional）則是會呈現出煮熟的馬鈴薯、肉類和硫的氣味。

這些香味的影像變成了生活經驗裡的精緻畫像，在它們傳到大腦主司記憶（海馬迴）、意識理解與決策的區域時，蝕刻在神經系統上。換言之，嗅覺就是連結了過去和現在。由於嗅覺在古代扮演了描繪生活環境與推動大腦演化的角色，使它成了唯一和這些大腦構造有直接連結的感官，只有兩個突觸是和外面的世界隔絕的。這讓嗅覺既有直接性也有立即性的情境，當最輕微的一點點類似香氣出現，有可能就引發記憶與感情大量湧現。

普魯斯特（Marcel Proust）作品《追憶逝水年華》（*In Search of Lost Time*）一開頭，敘事者咬了一口泡過茶的瑪德琳蛋糕，他就感覺好像回到了小時候住的貢布雷（Combray）小村：

不過一旦從人們都死了，東西都毀壞分散了，沒有任何東西留下的遙遠過往之後，只剩味覺和嗅覺，更脆弱卻更不朽，更虛幻，更持續，更忠實，維持長時間蓄勢待發的狀態，像靈魂那樣，在所有其他東西的廢墟中，回憶著、等待著、期盼著；而且，在他們本質的極細微、幾乎無法感知的落差中，毫不畏縮地承受回憶的龐大結構。

薛佛和他的女兒、牛津大學英文系教授克絲婷・薛佛巴爾（Kirsten Shepherd-Barr）兩人聯手，要探索普魯斯特作品裡的敘事者，大腦裡出現了什麼情景。他們寫道，瑪德琳蛋糕是味道的理想載體；茶水裡冒出來的蒸氣，會帶著蛋糕裡揮發性的香氣化合物，通過鼻後通道到達嗅覺上皮，嗅覺受體就是在嗅覺上皮裡。

每一種單一調味料像是香草或檸檬調味料，都有它獨特的分子形狀，也許會讓敘事者憶起早年記憶裡的片段；然後大腦可能利用這片段的記憶，來回想起整個事件。這種神經連接結構有助於讓味道更具彈性變化、更具適應性。食物會被寫進回憶和情感裡，反之亦然。當記憶一再累積，它們就會重現，掩蓋過現時對於味道的感知。這是香味持續演變的一種方式。

味覺不像嗅覺那樣，它的存在感的比重高於情感成分。味道所產生的最原始好惡，只是基本的生存反應。味覺受體透過大腦構造裡最原始的部分〔1〕發出信號。一旦這些信號到達新皮質，就會由島葉（insula，又譯腦島）加以處理，島葉有完全不同的區域，針對酸、甜、苦、鹹、鮮味產生神經元放電。島葉比較隱密。在每個腦半球裡，島葉藏在一層叫做島蓋（operculum）的組織底下，藏進顳部位置（太陽穴）的大腦皮質外層裡。不過在功能性磁振造影研究中，島葉為大腦活動網絡的關鍵節點，會一而再、再而三地因為許多不同的事物而突然出現。它似乎塑造了經驗本身的整體基調。

島葉似乎是意識對於身體內部狀態與外在環境做排序、評估和轉達訊息的地方。除了味道以外，它還會處理其他關於身體狀態的訊息，像是口渴、性衝動、體溫、運動的新陳代謝與心血管壓力，以及想上廁所的需求等等。對於和感知有關的工作，它也有幫助，包括辨別鏡子裡自己的臉孔與其他人的臉孔，或弄亂的影像；跟上音樂節奏；處理

1〔原註〕大腦構造裡最原始的部分，是負責發出本能與衝動的信號。

像是悲傷、快樂、信任、憐憫、美感和「人神合一狀態」這類情緒。人們進行複雜工作的時候，例如遵守時間，或是在打亂的圖像一片一片顯露出來時辨認出完整圖像，或是做抉擇時，它會開始活躍。換句話說，島葉有助於創造現在的特殊、持續轉變的性質。

• • •

味覺和嗅覺對於味道的統一性，就像一對天作之合。雙方的差異很巨大，但是任一方都有可與對方互補的長處和弱點。它們通往大腦的路線，都會經由位在大腦前方、眼眶上面的眼窩前額皮質（orbitofrontal cortice），其他感官的路線也是。和身體的大小相較之下，人類擁有比其他動物更大的眼窩前額皮質——在智人的出現上，這是相當重要的演化進展。眼窩前額皮質擔負的認知職責很複雜，包括做決策，味道只是其中一項而已。它是大腦的美食評論家，連接到大腦主司情感和判斷的區域，而且在生理的安排上，它要處理喜悅與憎惡。從中心往外移動，對愉悅感敏銳的神經元，會退讓給對不適感敏銳的神經元。這點或許可以解釋，我們為什麼偏好對喜歡的食物或最討厭的食物做排名：我們的大腦確實會照那樣子組織。

但是，風味感受的核心，在於眼窩前額皮質把感官組織起來，以及把風味的所有元素和感官組織在一起的方式。因此，我們能認知到那是黑巧克力、烤魚和苦艾酒，而不是組合成這些食物的一長串完全不同的味道與氣味名字。個別的味道與香氣會協力合作，互相強化，融合成新的東西。

在這個過程裡，鮮味扮演著特殊的角色。烹調、加工、發酵，讓食物釋出極為大量的鮮味，這種鮮味在煎得焦香的肉類、乳酪、番茄、醃漬品裡，還有尤其是醬油、魚露、味噌這類亞洲食物裡，占極重要的分量。鮮味受體會偵測穀胺酸這種特殊的胺基酸鹽（胺基酸是蛋白質的組成成分之一）。就像糖的味道叫做甜味那樣，鮮味往往又被叫做「蛋白味」，然而鮮味的確實用途到現在還不是很清楚。在自然界，蛋白質大多是會在動物生肉上找到，然而這些生肉並不怎麼可口。）鮮味增強效果的發現，不只是人類營養學上，也是人類味覺上的一大寶藏。穀胺酸加速了消化作用，而且有可能引起大腦神經元放電。在孕婦體內，胎盤會用穀胺酸做為能量來源。不只舌頭上找得到鮮味受體，在小腸內層也有鮮味受體：多出來的穀胺酸能刺激促進更好的消化和營養的吸收。

日文的「鮮味」一詞，其實結合了日文的「美味」和「味道」這兩個詞。它的意義傳達了從食物獲得的美妙與滿足感。然而鮮味不是很容易搞懂的東西。一小口不會溶解、純的穀胺酸，實際上是沒有味道的。不過一旦和其他味道搭配，鮮味的滋味就會變得鮮活起來，而大腦掃描顯示，它所激發的大腦活動大概就差不多像糖所造成的效果。其他四種基本味道會大膽表現出來，不過鮮味卻是反其道而行，協助其他味道表現得更顯著。就像《綠野仙蹤》裡奧茲國的魔法師，在簾幕後上演精彩的節目。

牛津大學的兩名神經科學家，艾德蒙・羅爾斯（Edmund Rolls）和席亞拉・麥柯比（Ciara McCabe），在二〇〇七年的一項實驗裡探討了這種現象。他們請十二名志願受測者吃一道「鮮味雞尾酒」（穀胺酸鈉加上第二種物質肌苷酸。穀胺酸鈉就是味素這種食品公司和亞洲餐廳愛用的化學版鮮味，肌苷酸則會增強味素效應），再加上蔬菜香氣。兩者分開的話，雞尾酒和香氣都讓人覺得不快；兩者一起使用的話，它們的味道就變成相當美味。為了透徹了解這種奇怪的效應，羅爾斯和麥柯比使用功能性磁振造影來檢視受測者。這兩者的結合，所刺激的眼窩前額皮質神經元數量與刺激持續時間，都遠比單純把預期中兩者個別效應合計的數量還要更多、持續時間也更長。鮮味和香氣攜手合作，會產生效果更強大的感覺。

這個結果，說明了雞湯或披薩之所以這麼美味，背後的原因：鮮味增添了一陣突發的愉悅感，把味覺與嗅覺結合起來，並讓它們的感覺增強。想想看撒在義大利麵上的帕馬森乳酪，是怎麼為義大利麵增添更豐富的風味的：它產生了一陣七彩般的鮮明性與穩定性。對於從乳酪或發酵大豆裡頭採樣的古代人來說，這種效應必定是一種天啟。

• • •

酒飲也提供了味覺與嗅覺可能的融合。所有酒精飲料裡都存在的酒精「乙醇」，是一種「花心」的分子。它會同時影響大腦的味覺、嗅覺和觸覺系統。這些感覺系統會融入乙醇對情緒的強大影響。喝一小口紅酒、啤酒或蒸餾白酒，酒精會和甜味與苦味受體結合，並且還會和激發像辣椒那種灼熱感的感熱受器結合。依照這些酒飲的強度，任何一種感覺都可能移動到最突出的位置。酒精濃度在十%以下，會產生一種讓人暈陶陶的甜味感，而大腦會回應出針對糖所做的反應。這並不意外，因為酵母會吃掉糖而製造出乙醇分子。這種反應也會受遺傳影響：許多研究顯示，有偏愛甜食的遺傳的人，酒量會比較好。

不過在烈酒裡頭，苦味和熱辣感會遠遠壓過甜味，這就是為什麼酒精濃度超過四十%以上的蒸餾白酒（如伏特加或龍舌蘭酒），刺激性會這麼強，這種厭惡與愉悅的極端混合物，會讓你一口氣乾杯之後反倒精神大振。乙醇分子蒸發時，會飄進鼻子裡，附著在嗅覺受體上，所以只是聞一下苦艾酒便會覺得暈陶陶，就是這個原因。

乙醇單獨嘗起來是相對無香味的。對於發酵作用的其他副產物來說，它相當於鷹架那樣。這些副產物裡有一些會刺激味蕾，有些則是藉由嗅覺來運作。賈湖酒裡頭包含了酸和苦味的化合物，抵消了它的甜度。單寧酸（tannin）這種在葡萄皮發現的化學物質會產生澀感，而且會和舌頭上的蛋白質結合，改變唾液的組成成分。至於這些味道的化學成分是如何運作的，科學界依舊只有很粗略的認識；要追查這些高速移動分子和味道之間的關聯，是件令人卻步的工作。卡本內蘇維翁葡萄裡頭發現的一類香氣分子「甲氧基吡嗪」（methoxypyrazines），會散發出類似甜椒那種新鮮蔬菜香味。

• • •

在不同的知覺會合併、變成無法辨別的那些味道裡，味覺和嗅覺會天衣無縫地混在一起。大腦甚至會把它們混合：在腦子裡，氣味變成了口味。香草，是一種香氣型的味道，通常被大腦認知成甜味。在某個研究裡，大多數的自願受測者是用「甜味」來形容草莓和乙酸戊酯（amyl acetate；一種香蕉味的食品添加物）的氣味。食品配方調製人員習慣在飲料裡加這類香精，這麼一來不用加糖就能增添甜味。不過這是利用了知覺的一種詭計：氣味不可能會是甜的。甜味是一種味覺，只有舌頭上的味覺受體偵測得到。不知道是什麼原因，大腦會產生鼻子正在嘗味道，或是舌頭正在嗅東西的感覺——或者兩種狀況都出現。

這裡出了什麼問題呢？這種感官的混淆就類似「聯覺」（Synesthesia）這種曾經被視為是天才或瘋子徵象的一種神經系統狀態。「味道」甚至可能就是一種聯覺。

在聯覺人（synesthete）的大腦裡，一種感官會觸發另一種看似毫不相關的感官。有百分之一至二的人類具有最常見的一種聯覺，會看見和字詞或符號有關聯的顏色。涉及味覺或嗅覺的聯覺現象相對罕見。一起百年前的案例是，有名男性在他吃東西時，會感覺到出現在舌頭上和嘴裡面的顏色。比較近期的一個案例是，有一名男性在吃東西時，食物風味會產生三維的幾何圖形；他不但能看到這些圖形，雙手還能感覺到這些圖形的輪廓。當他的味覺經驗隨著時間累積出現變化，那些幾何圖形的形狀也跟著改變。

在二〇〇三年，倫敦大學學院的詹米・華德（Jamie Ward）和愛丁堡大學（University of

Edingburgh）的茱莉亞・辛納（Julia Simner）這一對科學家，對一名有罕見聯覺現象的中年英國商人進行了一連串測試。他的姓名字首縮寫為JIW，從大約六歲開始，特定的文字和聲音，就能在他的嘴裡觸發產生味道。在他聽、說、讀，或甚至只是想這些字的時候，就會出現這種現象。這現象成了他揮之不去的煩惱源頭：這讓他很難好好讀完一本書，或是在會議中保持專注。有時候那些味道會一直留在舌頭上，直到有新的字詞味出現取而代之。他的夢境也是充滿味道。

JIW的大腦把聲音和味道搞混的方式，大致上類似更常見的味覺嗅覺混淆。科學想要追蹤他的感官到大腦裡的感官原點，希望能分離解析兩種感官之間的連結，以及這些混淆現象本身的性質。

關於聯覺現象的運作方式，有兩套主要的理論。第一套理論認為，那是幼兒期遺留下來的現象。嬰兒生下來的時候，大腦裡有數量驚人的交叉連結，所以我們最早的感官經驗是感覺、視像、聲音、觸覺、味道、氣味混合的朦朧狀態。隨著時間推移，隨著學習與經驗讓有用的連結優先於不必要或是會搞混的連結時，很多這類多餘的連結就被「刪除」了，最後留下一組成熟的獨立感官。不過，有時候還會有彆扭的連結維持原封不動，算是幼兒期經驗經久不消的回響。這是不應該在此出現的固線頻道。這條線路通到大腦，把兩個完全不同的系統連在一起，來回傳送著不需要的訊息。

當然，這些感官已經都聚合在同一點上——眼窩前額皮質，更高等的認知功能就在此處組合、評估這些感官，通常都不會搞混。第二種理論就認為，感官的混淆紊亂就是在這裡發生的。

為了測試這兩個理論，華德和辛納把ＪＩＷ的食物聯想詞做成一份列表，這份表單對小說家來說簡直價值連城。「this」這個字，味道像「沾番茄湯的麵包」；「safety」則是「抹了一點點奶油的土司」，而「Phillip」這個名字則是讓他想起「還沒完全成熟的橘子」的味道。起初這些聯想詞看似隨機沒有規則，但是當這兩位科學家把個別的單字拆成更小的發音單元，有些被觸發產生的味道，就很明顯地和字義連結上了：「blue」一詞會產生「墨水」（inky）的味道，「Virginia」這名字則是會聯想到「醋」（vinegar）味。「人類」（human）則是讓人想起「焗豆」（baked beans）的味道，或許是「人類」一詞省略掉的「being」（和「bean」同音）造成的。總共有四十四個字會讓人想到它們所形容的食物的味道，其中包括「甘藍菜」、「洋蔥」和「大黃」。

這些結果顯示第二種理論是對的，至少在ＪＩＷ的案例是如此。文字是一種抽象的知識，而它們的字義，不只是它們的發音，會在ＪＩＷ的大腦中觸發產生味道。這是認知功能中具備交叉連結的證據，語言、味覺和嗅覺——全都匯聚在眼窩前額皮質以及鄰近的腦區。這種連結不可能在幼兒期就已經形成，只可能在JIW學會說話之後發生（雖然還不是很清楚為什麼會這樣）。在某種程度上，JIW的聯覺現象是學習來的，由他本身的經驗形塑的。這就讓人豁然開朗，知道大腦是怎麼融合與混淆不同的味道和氣味：大腦會學習。當各式各樣的感覺，以令人愉悅的組合方式一再突然冒出來，它們之間的連結形式，就會被眼窩前額皮質的個別神經元給記住。在大腦裡，甜的味道和「香甜的」氣味匯合，造成各種感覺模糊難辨。

•••

在這種強力的感官轟炸推波助瀾下，發酵作用從單純的烹調技術，轉變成為文化上的影響力。這種烹調方式變遷的線索，可以回溯到數千年前的神話裡找到。荷馬（Homer）把這些內容寫進他的史詩裡，這是西方文字著述裡最早的文學傑作。這些荷馬史詩大約是在西元前八世紀末寫成，地點很可能位在現今土耳其部分地區，離放牧與乳酪的誕生地不遠。

在這些史詩裡的其中一個故事，奧德賽（Odysseus）和他的部下試圖找到回希臘的歸途時，來到了獨眼巨人島（Cyclopes）。他們趁獨眼巨人波呂斐摩斯（Cyclops Polyphemus）和同伴離開洞穴時，偷偷溜進他的洞穴，幫他們自己在裡面找到了仔細排列在架子上大而平滑的乳酪來吃。波呂斐摩斯回到洞穴時，他把奶凝結成酸乳，以便製作更多的乳酪。不過他很快發現自己的庫存被洗劫過；他找出了那些希臘人，並把他們一個接一個吃掉，狼吞虎嚥地啃食他們的「內臟、血肉，還有骨頭、骨髓的全部東西」。奧德賽想出了一個計畫，用一瓶高級紅酒把獨眼巨人灌醉，然後趁他的防備降低，用削尖的木棍戳瞎他的眼睛。他和剩餘的人員趁受傷的獨眼巨人（依舊是個盡忠職守的牧羊人）把山羊放出去吃草時，躲在山羊下面趁機脫困。

這些獨眼巨人正處在野蠻與文明之間的關口上。他們住在洞穴裡，還生吃人肉。奧德賽說，他們的島必定是個理想的牧場，只不過太蠻荒、野生植物太過茂盛。但是他們也的確有一些成熟技術亮點。他們用野生葡萄釀酒，畜養山羊和綿羊，而且會製作乳酪。這點並不能讓希臘人對獨眼巨人完全改觀，不過那也阻擋不了他們品嘗乳酪的美味。

第五章
甜蜜誘惑

由於化學結構不同，所以代用糖不適合用於烘焙。糖不只是甜，而且用途廣泛。加熱後可產生複雜的風味，帶有少許酸和苦。糖可做成從結晶糖到焦糖等多種形式和黏稠度，其他物質無法取代。

甜蜜誘惑
The Seduction

名廚荷瑪洛・坎圖（Homaro Cantu）有時會在他位於芝加哥的餐廳，為客人示範「迷幻風味」。把四片萊姆、六片檸檬，以及兩支日式湯匙排列在桌上，一支裝著一團酸奶油，另一支裝著希臘優格。旁邊有一個塑膠盆，盆裡裝著鬆軟且顏色類似鮭魚的糊。他請參與者把一匙糊放進嘴裡，讓它停留在舌頭上。這團糊是涼的，帶有輕微甜味，令人愉悅但很溫和。幾分鐘後，這團糊融化消失。接著開始試吃。

這糊狀物以非洲西部一種神奇的神祕果（*Synsepalum dulcificum*）萃取物製成。這種紅色莓果含有神祕果蛋白（miraculin），可對味覺產生奇特的影響。這種蛋白分子單獨存在時，可阻止甜味受體正常工作，使我們嘗不出糖的甜味。但神祕果蛋白如果和酸同時存在，則會激發甜味受體。食物越酸，嘗起來反而越甜。由於水果、蔬菜、乳酪等許多食物以及黑胡椒等香料都含有酸，所以這種效應會暫時改變風味。檸檬的風味變得輕盈細緻，

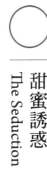

類似檸檬水但沒那麼甜膩。萊姆嘗起來像橘子、優格變得像鮮奶油，而酸奶油則變得像乳酪蛋糕。

坎圖有個朋友因接受癌症治療而損傷味覺，他是在研究如何讓這個朋友覺得食物更美味的方法時，初次發現神祕果。化療藥物隨血液流動，充滿唾液，造成揮之不去的金屬味。由於味蕾細胞和癌細胞一樣生長得很快，所以藥物也會對味蕾細胞產生作用，使大量味蕾死亡；此外放射線也會損傷味蕾。坎圖測試過許多種方法後，製作出神祕果蛋白糊，用來消除這種金屬味，他朋友從此又能好好享用美食了。

二〇〇五年，坎圖在芝加哥的肉類工業區開設第一家餐廳「moto」，在這家餐廳建立起創新主廚的形象。他逗弄客人對餐點的預期，例如製作食用紙張，再以浸漬方式添加風味。有一張食用紙上面印著牛的照片，嘗起來也像剛剛燒烤好的牛排。不過他的企圖心不以前衛烹飪滿足。他想運用自己的烹飪才能來解決社會問題。他相信神祕果擁有不為人知的力量，因此著手探究。

他和進口商合作生產神祕果蛋白錠，它可以在舌頭上溶解，造福千萬癌症患者。他試驗各種風味效應，創作出一種甜點，食用方式是先試吃一口，再含一匙神祕果蛋白糊，接著再試吃一口。他有足足一個星期粒米未進，只吃野草、樹葉和院子裡採來的草，用神奇糊來把它們變得好吃。漸漸地，坎圖把注意力轉向人類眼前相當嚴重的一項飲食問題。甜味是一種古老的強烈需求，以往對生存非常重要，但現在以驚人的方式造成完全相反的結果。全世界都陷入危險的糖狂熱。

• • •

甜味是身體發出的訊號，表示你眼前有某種對生物而言不可或缺的物質，大聲說著：「吞下我吧！」糖是地球食物鏈的基礎。糖分子是植物進行光合作用的產物，含有來自太陽的能量，而且它的化學鍵結很容易破壞，因此可以成為所有生物的能量來源。因為糖的用處極大，高濃度的糖來源在自然界中又很少見（主要是水果、莓果、無花果和蜂蜜），由於能量容易獲取但產量不多，因此糖成為飢餓生物的主要目標，甜味也成為可口和強大的激發因素。

不過人類發現了許多方法克服自然界的限制，生產大量的糖。滿足全世界對糖的渴求顯然大大有利可圖。近三十多年來，由甘蔗和甜菜精製而成的結晶糖和高果糖玉米糖漿這兩種糖，充斥飲食的程度超越人類歷史上所有時期。隨處可見的汽水、糖果和甜點都以糖調味。許多加工食品添加玉米糖漿來加強風味，包括麵包、早餐穀片、番茄醬、烤豆子、沙拉醬汁、番茄糊等，連蘋果醬都有。糖似乎違反了供給需求定律。食品添加的糖越多，人反而越想吃糖。一九八三到二〇一三年間，添加糖（即非屬天然成分的糖）的全球每日攝取量，從四十八克攀升到七十克。美國人每天攝取一百六十五克（約四十茶匙），冠於全世界所有地區。

人類演化之後，攝取的糖減少許多。我們的身體已經難以耐受這麼多糖。高糖飲食可能擾亂基本新陳代謝功能，包括身體燃燒熱量、儲存脂肪，以及處理養分的方式等。長久下來可能導致糖尿病、肥胖、心血管疾病等慢性健康問題，以及減少壽命。食物中含大量糖分，與糖尿病和肥胖發生率提高的關聯相當明顯：一九八〇年時，美國有五百六十萬名糖尿病患者，成年人口中有將近一半在臨床上可稱為肥胖。到二〇一一年，糖尿病患者增加到兩千萬人，遠高於人口成長率，肥胖成人更多達四分之三。

基本味道中最令人愉悅的甜味，在二十一世紀已被視為威脅公共健康的殺手。越來越多反糖運動抨擊，食品及軟性飲料添加過多的糖和高果糖糖漿，以及餐廳、電影院和便利商店提供高糖分零食。二〇一一年，當時的紐約市長麥可・彭博（Michael Bloomberg）認為縮小分量可減少攝取量，因此試圖規定汽水杯的容量不得超過十六盎司

（四百八十毫升）。但許多人認為這項措施是立法擴權，因此相當憤慨，法院後來也廢除了這條法律。阿肯色州和西維吉尼亞州等肥胖率最高的幾州，都開始對汽水課稅，希望以價制量，遏止民眾飲用汽水。汽水公司也在積極尋求糖的替代方案。

坎圖認為這些措施都沒有作用，不過神祕果應該有用。神祕果和阿斯巴甜（aspartame）或甜菊糖（Stevia）等零卡甘味劑不同，不是高度加工或精製產品。它的效果既舒適又令人驚奇。坎圖於二〇一一年開設iNG餐廳，當成神祕果的示範場所。這家餐廳的菜單口味多元，以迷幻風味餐點為核心，迷幻風味的效果延續整餐。他於二〇一四年修改餐點，關閉iNG餐廳，計劃以神祕果風味甜甜圈和糕點，當成新咖啡館「莓果大師」（Berrista）的主角。這幾個步驟，都是為走進大眾市場做準備。

坎圖的構想十分奇特，而且他的競爭對手，是擁有豐沛研發預算的大型食品和軟性飲料公司。但這些障礙其實不算什麼，更深層的問題是，如何破壞糖對人體和大腦的魔力。味道的意識知覺對我們而言似乎是全部，但其實只是廣闊的風味天地中，微不足道的一小部分。味覺的底層是維持機能運作的基礎結構：把風味與內臟和身體其他部分連結起來的生物系統。這些連結使風味充滿愉悅，它們創造渴望和衝動，對某些人而言更是近似藥物成癮的依賴性。

・・・

糖誘惑如此多人的原因和過程，是個值得警覺的故事。甘蔗是一種草，數千年來一直是全世界最主要的精製糖原料。野生甘蔗應該使史前人類感到相當困擾。甘蔗像守財奴把錢塞在床墊下一樣，把糖儲存在莖內難以消化的木質纖維中，以它來協助生長。我們可以剝下甘蔗的外皮，再咀嚼或像吃棒棒冰一樣吸吮它所含的糖，但這些方式很難大量攝取。如果有適當的工具，就能把甘蔗切斷、碾壓後煮沸，製成少量結晶糖。不過人類覺得花這麼多工夫是值得的。除了香蕉、麵包果和番薯，現在的澳大利亞、塔斯馬尼亞和新幾內亞等地區的人類，從西元前六千年就開始種植甘蔗。

職人可以單獨釀造啤酒或製作乳酪，但要大量生產糖則需要複雜得多的組織。系統性的書面知識、專業工作人員、搾汁機、鍋爐、貿易通路、商隊和船隻等，都因為糖而在古代世界中一一出現。糖是理想的食品：美味又容易運輸，不需擔心腐壞。它既美味又具有經濟價值，因此往往促成文化甚至宗教改變。風味在歷史上變成一種有影響力的事物。

有個大約兩千五百年前的故事，描述了這種影響：

兩兄弟帶領一組牛車商隊離開印度東北部的菩提伽耶（Bodh Gaya），看到一個人坐在路邊，身上的衣服破破爛爛。這個人有種特質吸引了兩兄弟的注意。他們立刻轉身向牛車夫大喊：「停車！」他們派一個小男孩跑回去，看看存糧裡有什麼可以給他。

小男孩找出一碗牛奶和一些現成食物，至於究竟是什麼食物則有許多版本。某些版本是一段去皮的甘蔗，某些版本中是蜂蜜，有些版本中則是比較美味又有飽足感的混合物、米糕或以牛奶、蜂蜜和糖蜜製作的甜飯團。

小男孩拿著食物塞給那個人，兩兄弟大聲喊：「快點吃！」他們還有行程要趕，不能花一整天做好事。但那個人猶豫了一下，咬了一口米糕，接著開始微笑。

這個人是釋迦牟尼，也就是佛陀。這件事發生在他開悟後數個星期。佛經說他長年努力，累積許多智慧，使以前身為王子的自己得以解脫欲望。這些對食物、性愛、金錢、以及成功的渴望，使世界陷入永無休止的問題。佛教認為一切經驗都會被渴望玷汙。佛陀禁食了一段時間，試圖使這些渴望消失，但反而使他更渴望食物。現在他已經開悟，所以他在吃這些甜食時沒有一絲渴望，只有單純的愉快。

這段古代記述，記錄了一個與這種強烈的新感覺搏鬥的世界，糖的純粹滋味和結晶形式，使它比蜂蜜更受人喜愛。佛陀生活在甘蔗種植地區，在他的時代，印度開始將糖的精製過程發展成一門工藝，創造出史上最初的甜點。詩歌、用藥建議和官方文書也在同一時期開始提到糖，包括西元前三百年由考提利耶（Kautilya）這名官員撰寫的政府手冊。他依照形成順序列出糖的各種形式，包括guta、sarkara和khanda（後兩者是糖〔sugar〕和糖果〔candy〕的字源，sarkara是梵文「碎的」之意）。耆那派信徒不准殺死任何微小生物，而蜂蜜中可能含有蜜蜂胚胎，所以也不能食用蜂蜜，因此他們改吃糖果。他們認為，糖可使環繞身體四周的力量保持平衡。印度醫師認為糖擁有特殊的治療能力、有助於消化，還能強化精液的效力。西元前二世紀一本印度藥書上記載：「在這類人的體內，連毒藥都產生不了作用，他的四肢像石頭一樣結實堅硬，他變得刀槍不入。」有一帖由薑、歐亞甘草、樹膠、印度酥油、蜂蜜和糖配製而成的萬靈丹，如果持續三年每天服用，據說可維持青春一百年。

上面那個故事裡的兩位商人兄弟帝波須（Tapassu）和跋利伽（Bhallika），後來成為佛陀最初的俗家弟子，他們在行旅中繼續傳播佛教教義。這件事反映了後來的歷史事實：為了獲取收入，佛教僧侶種植甘蔗並加以精製。數百年後，商人和佛教僧侶經過絲路，把甘蔗和精製方法傳播出去。

但糖向西傳播時，卻成為戰爭奪取的目標。早在西元七世紀，先知穆罕默德受到啟示後創立伊斯蘭教。他統一互相征戰的阿拉伯部落和領土，建立涵括整個阿拉伯半島及半島以外，並且持續擴張的帝國。中世紀時的穆斯林，和他們之前的羅馬人一樣是征服者。他們不沿用其他民族的風俗習慣和科技，而是加以吸收。在當時的波斯，薩珊（Sassanid）王朝的製糖業者已經研究出如何製造純結晶糖。現代伊朗的胡齊斯坦省（Khūzestān）目前仍是甘蔗主要種植區，其名稱顯然就和甘蔗（kuz）與蔗農（khuzis）有關。十二世紀詩人涅札米・岡加維（Niẓāmī Ganjavī）有兩句詩是這樣的：「她的雙唇和甜蜜的糖一同放著紅光／甜蜜的糖在 **Khūzestān** 放著紅光。」但波斯的地理位置偏北，對它在甘蔗種植上的優勢造成限制。甘蔗在攝氏十五・五度以上的環境中生長得最好。

穆斯林擁有種植甘蔗的氣候和灌溉技術，以及隨同戰利品而來的貿易通路。西元六四二年，穆罕默德去世後僅十年，他們就征服波斯，奪取甘蔗及精製知識和技術。《古蘭經》宣稱：「享用甜食是信心的象徵。」伊斯蘭教的天堂是一座花園，花園裡有流著甜水、牛奶、葡萄酒和蜂蜜的河，代表四種體液。蒐羅了三百多道九世紀（阿拉丁與神燈以及《一千零一夜》中許多故事的時代）巴格達地區食譜的《烹飪之書》（*Kitab al-Tabikh*）中，有三分之一是甜點。巴格達地區的精英人士享用許多現代美食的前身，包括冰淇淋、甜甜圈、炸麵餅和鬆餅，並以糖調味或浸泡在糖漿中。

現代高糖世界萌芽於中世紀的重大東西文化衝突。十二世紀末第三次十字軍東征時（佛陀之後一千七百年左右），甘蔗從中國傳到地中海地區南部，再傳到摩洛哥，但西歐地區仍然大多沒聽說過糖。不過法國與英國貴族和士兵，在旅程中一定接觸過糖。獅心王李查曾於一一九〇和一一九一年在西西里島盤桓過幾個月。在島上，大片尖尖細細的甘蔗種植在山腰，距離美西納（Messina）和巴勒摩（Palermo）的外國軍隊駐防地不遠，很接近精製廠冒著蒸汽的糖廠。這座工廠是穆斯林在兩百年前帶過去的。西西里島上的製糖工人知道如何處理大量甘蔗，西西里貴族階級的廚房用了很多他們的產品，還運送到穆斯林世界各處。李查的軍隊保衛耶路撒冷失敗後，回國時帶了糖的樣本。

英文中的糖（sugar）源自當代古法文çucre，最早的紀錄出現在一二九九年英格蘭東北部本篤會杜翰修道院（Benedictine Abbey of Durham）中，修士用於記錄貨品庫存的會計清單上。上面記載有「Zuker Roch」（塊狀糖）和「Zuker Marrokes」（摩洛哥糖）。他們不是把糖當成食品，而是藥物、香料和防腐劑。十二世紀神學家湯瑪斯‧阿奎那（Thomas Aquinas）曾在作品中提到吃糖會破壞齋戒，因為這種藥物可以幫助消化。十三世紀末的某一年，英國國王愛德華一世的皇室家庭，用掉了將近一噸帶有玫瑰花瓣風味的糖，這種糖是常見的藥方，適用於多種疾病；他們將它用於食物僅六百七十七磅。晚至十八世紀，瑞典科學家及傑出分類學家卡爾·林奈把最常見的甘蔗品種命名為*Saccharum officinarum*，意為「來自藥材商的糖」。中世紀埃及醫師採用阿拉伯和拜占庭希臘人大力宣傳的糖藥方。有個廣為流傳的阿拉伯感冒藥方稱為*al fanad*或*al panad*，是以凝結糖漿製成的小糖捲，在英國稱為alphenic或penide。一三九〇年，德比伯爵支付了「兩先令購買兩磅penyde」，牛津英文辭典的註解是：「史上第一種咳嗽糖漿」。

他們較少將糖用於烹飪與地理環境有關。西歐地區大多氣候太冷，不適合種植甘蔗，貿易的供應量也有限。歐洲人以傳統方式解決這個問題，就是征服。不過一段時間之後，他們又加入了新元素：資本主義和工業革命。

哥倫布（Christopher Columbus）於一四九三年第二次航向新世界時，把甘蔗從加那利群島（Canary Islands，當時發現的最西方的群島）帶到希斯潘紐拉（Hispaniola）上的工廠。這個決定很有先見之明。島上有大批黃金寶藏的傳說傳得越來越誇張。製糖成為唯一可靠的財富來源。希斯潘紐拉氣候溫暖，近似於甘蔗在新幾內亞附近的原始誕生地，因此相當理想，而且空間完全不受限制。後來連原住民泰諾族（Taino）也感到興趣，開始自己種植。

西班牙殖民地不生產就無法生存。居住在殖民地的外科醫師岡薩洛·迪維洛沙（Gonzalo de Velosa）體認到，業餘人士不適合從事製糖業。糖當時已經進入全球市場，在歐洲的價格水漲船高，實際投資或許有利可圖。因此他在一五一五年投下一小筆錢，把加那利群島糖廠的專家請來希斯潘紐拉。他們打造了能以馬匹、牛或水車帶動的搾汁機，生產的糖遠比由人類操作的搾汁機多出許多。一五二〇年，已在運作的糖廠有六座，還有四十座正在建造。但後來這些正要起步的糖企業家發現勞工不斷死亡。許多泰諾族人死於歐洲人帶來的傳染病，更多人死於強迫勞動。為了填補空缺，西班牙人開始從非洲進口黑奴。

一六六〇年，一位叫做湯瑪斯・崔昂（Thomas Tryon）的年輕人從倫敦航行到英國殖民地巴貝多（Barbados），當時巴貝多正發展成新世界繁盛糖業的中心。他跟當時數千名英國人一樣，拋開一切，跨越海洋追求財富。崔昂不是創業者，而是十七世紀的嬉皮。他痛恨現代世界的放縱，設想有一套食物哲學可激起一場寧靜革命，消除渴望和貪婪，使他的追隨者與上帝同在。他年輕時曾在倫敦當過製鞋學徒，一頭栽進草藥醫學、魔術和煉金術，也嘗試靜默和禁慾主義，禁食觀察身體反應等。

新世界激起了崔昂的想像力。對大多數人而言，新世界是天堂、是伊甸園，既原始又純粹。崔昂的想法不大一樣，他覺得這裡是原住民與大自然和諧共存的地方。但實際狀況使他大為震驚。

巴貝多的山坡上沒有樹木、灌木和雜樹叢，而是一片片甘蔗。兩萬五千名非洲奴隸，在這具龐大的甜味機器中工作。收穫時節，他們帶著大砍刀在田地裡漫步，砍下甘蔗，堆疊及拖運重達數百磅的甘蔗堆。在簡陋的棚子裡，末端有三個巨大滾筒的水力搾汁機碾壓著甘蔗，汗流浹背的工人把甘蔗送進機器。這個工作很不容易，如果有人失足，手指、四肢，甚至整個身體就可能捲入滾筒壓碎，因此旁邊放著斧頭，準備在緊急時砍斷手腳。

工人把一桶桶甘蔗汁搬到煮沸房。在這裡，銅壺底下二十四小時燃燒著甘蔗渣和其他碎屑。製糖師傅隨時注意鍋子熬煮的濃稠棕色糖漿，再過濾到較小的壺中。為了防止棚子著火，棚頂會定時澆水。最後他們把結晶狀的糖烘乾，放進一千五百磅裝的桶中，用驢子拖到橋鎮港（Bridgetown harbor）。糖業大亨、商人和僕人，在這裡和流浪漢、更生人以及酗飲蘭姆酒的下層階級雜處。黃熱病每隔一段時間，就奪去數百人的性命，屍體就丟棄在城鎮邊緣的沼澤，沼澤冒出可怕的氣味，飄盪在空中。

崔昂在巴貝多當了五年製糖工人後，回到倫敦。他的經驗仍然在腦海中揮之不去。將近二十年後，他開始撰寫小冊，擁護熱情的原始素食哲學。他指責甘蔗種植是貪婪和暴食的象徵，甜食則是阻塞消化道的誘惑。他和古希臘人一樣，相信鹹、甜、酸、苦等基本味覺決定一個人的性格。他後來在作品中提到：味覺「很快就能打開大自然的櫃子上，所有的門和暗門」。味覺是「王子、國王，或全權決定生死的裁判」。過度沉迷於口腹之欲，最後將會下地獄。崔昂的作品和論點影響了廢奴主義者（但他是不折不扣的傳統主義者，因此沒有發聲支持廢除奴隸制度）。他的觀點形塑了整個素食運動。富蘭克林（Benjamin Franklin）年輕時讀過崔昂的著作，因而不再吃肉。

不過崔昂螳臂難以擋車。全球糖業巨獸的基礎已經相當穩固。從十七世紀開始，一條條結晶糖之河，從歐洲位於加勒比海和南美洲的殖民地，流向各國國王的食品庫房，同時首度流入中低階層的家庭。食物越來越甜。法國廚師開始發明派、慕斯、糕點和布丁等甜點。這些甜點現在已和主菜分開，成為一餐的終曲。甜點（dessert）這個詞首先出現於十七世紀，源自法文的desservir，意為「不再上菜」或用餐結束時清理桌面。在崔昂時代的英國，甜點仍被視為令人憎厭的法國事物，但數十年後，甜點卻成為標準食物。民眾開始在以往直接飲用的進口飲料加糖，包括來自新世界的熱巧克力、來自非洲的咖啡，以及來自中國的茶。在英國，一七〇〇年的年人均糖攝取量是四磅，一八〇〇年增加到十八磅，一九〇〇年再增加到九十磅。

在麵包店和蘭姆酒廠之間，大糖廠成為主要雇主，很快就成為英國文化基礎的一部分。崔昂人生即將告終時終於接受誘惑，開始支持糖和他曾經譴責的甘蔗種植。他在作品中寫道：「它把豐富又甜蜜的影響力傳播到全國各地。世界上少有食物和飲料不能跟它搭配、結盟。在各種商品中，沒有一種像糖這樣激勵航海、擴大國王的領土和增加關稅，同時具有如此強大和廣泛的用途、美德和優點，它可說是甜食之王。」

佛陀享用的平凡點心，在誘惑越來越多的世界中展現了溫和與平衡。隨著崔昂的轉變，飲食過度獲得了勝利。其後三個世紀，糖體制毫不留情地擴張。英國於一八〇六年封鎖法國，中斷糖的輸入，拿破崙轉而尋求一種在中歐一小部分地區種植及精製的白色根菜：甜菜。

甜菜和甘蔗一樣含有蔗糖，但和甘蔗不同的是，它生長在寒冷氣候下。拿破崙投資一百萬法郎教導農民和訓練精製工人，另一個全球性的甜味產業就此誕生。一百多年後的一九五七年，任職於美國亞果市玉米農產品精製公司（Corn Products Refining Copmany of Argo）的兩位科學家發現一個方法，能將構成玉米澱粉的葡萄糖轉化成甜得多的果糖，創造出高果糖糖漿。美國是全世界最大的玉米生產國，玉米糖漿可直接注入食品工廠的大桶中。到一九七〇年代，玉米糖漿成為標準食品添加物。

・・・

全世界正在進行一場大規模甜味實驗。這項實驗運用龐大的資源，年復一年地供應大量糖給數十億個生物，科學家才剛開始評估它對人類和公共衛生的影響。吸引力如此巨大的甜味究竟是什麼？更廣泛地說，使食物美味的因素是什麼？原因為何？這類愉悅具有何種生物上的目的，還有，它們怎麼這麼容易流於過度放縱？

甜味是最基本的美味形式，而且本身就能使人愉悅。它是一種古老現象。就演化而言，這種力量存在的時間似乎更早於性愛。幾十億年之前，單細胞生物或許曾經擠在一起，以便更快速地攝取更多糖，這可能是複雜生物演化過程中第一個事件。果蠅的遠祖早在五億多年前的寒武紀大爆發時，就與人類的遠祖分化開來，但果蠅和人類同樣喜歡吃糖，行為模式也同樣趨向喜愛糖。智人由甜味和各種美味食物獲得的愉悅，仍然反映了這類原始渴望。沒有這種渴望，進餐將成為平淡知覺構成的乏味組合。

現代科學家和古希臘人一樣，經常忽視食物帶來的愉悅，以及一般的愉悅。二十世紀初，大多數人相信真正重要的是不適感。不適感是促使人採取行動的因素，例如飢餓促成進食、渴促成喝水，性慾促成交歡。摸到滾燙的開水時，手會立刻縮回來。心理學家及哲學家威廉・詹姆斯（William James）在一九〇一年給朋友的一封信中，總結了這個想法：「我最近發現，快樂不是正向感覺，而是解脫我們的身體經常具有的某些限制感的負面狀況。把它們徹底清除之後，相反狀況的明亮澄清就是快樂。因此麻木能使我們那麼快樂。不過不要因為這樣而開始喝酒。」換句話說，脫離不舒適才是真正的愉悅。

一九二〇年代，佛洛伊德提出類似的想法，認為原始驅力促使人類尋求性釋放。二十年後，美國的行為心理學家克拉克・赫爾（Clark Hull）提出驅力減降理論，內容是人類或動物承受壓力或感到挫折時，會採取行動遏止這種不好的感覺，未來也會試圖避免這種感覺。

這些假設都對人類狀況抱持比較負面的看法，很快就面臨挑戰。一九五〇年，三十一歲的加拿大麥基爾大學（McGill University）心理學博士後研究員詹姆斯・奧爾茲（James Olds）斷定，這些假設都不符合日常經驗。如果慢性不適或疼痛是各種行為的關鍵，那就表示，生命中最好的狀況沒有任何意義。他認為愉悅和快樂應該擁有獨立地位。

奧爾茲在作品中提到：「對一個追尋新奇、概念、興奮和美味食物的生物而言，驅力減降理論不啻為普羅克拉斯提（Procrustes）之床，從我們對人和大鼠的印象中去除一切不適合的事物。藥物、美食和性愛都從需求面思考，也就是剝奪造成的痛苦。」普羅克拉斯提是希臘神祇波塞冬（Poseidon）的兒子，是個惡劣的鐵匠，會強迫訪客躺上他的鐵床，床的長度如果不合，他就把人的四肢砍斷。

當時沒有人知道大腦如何產生美味或滿足等知覺，以及這些知覺為何產生。奧爾茲開始著手創立愉悅科學。他是在以大鼠進行實驗時出現這些想法。大鼠放在邊長三英尺、高一英尺的正方形特製箱子裡。這個箱子稱為史金納箱（Skinner box），名稱源自二十世紀初創立行為主義學校以及發明這個箱子的B・F・史金納（B. F. Skinner）。行為主義是佛洛伊德心理學的替代方案，著重於行為的隱藏動機。史金納認為，就科學而言，把意識排除在行為以外比較嚴密。他發明的箱子把行為理論簡化到極致：把一隻動物放在箱子裡，施予刺激，再觀察其反應。典型刺激不是輕微電擊等懲罰，就是糖水等獎賞。不過奧爾茲發現了一種方法可以跳過這些，直接到達大腦中形成愉悅或痛苦的地方。

奧爾茲和同事彼得・米爾納（Peter Milner）合作，以外科手術把電極植入大鼠大腦下視丘附近。電線拉到箱子的頂板，連接以按鈕啟動的刺激器。按下按鈕，立刻就會在大腦中觸發某種反應，可能是一陣愉悅、一股痛楚，或是其他感覺或情緒，奧爾茲是哪一種不知道。

他決定在大鼠每次走到角落時就給予刺激，看看牠會有什麼反應。第一次，大鼠轉回相同的角落，似乎很喜歡這種刺激。奧爾茲再次按下按鈕，大鼠轉回角落的動作快得多。第三次，大鼠停在角落不動，等著獲得更多刺激。

起初奧爾茲以為，他可能發現了好奇心的來源，大鼠回到角落是因為牠覺得這很有趣。但他修改箱子，讓白鼠可以自己按壓槓桿獲得刺激後，大鼠完全沒有表現出冒險性，只是坐著重複按壓槓桿。電極似乎讓大鼠感到舒適，這個效果顯然非常強烈。奧爾茲實驗中的大鼠為了按壓槓桿而忽略糖水、食物、水以及交配機會。在一次實驗中，大鼠一直按壓槓桿，最後幾乎飢渴而死。而在另一次實驗中，箱子的底板接了電線，對腳底施加電擊，但大鼠仍然跑過箱子底板按壓開關。他把電極植入另一個略微不同的部位，繪出大腦中可能與愉悅有關的區域。刺激某個區域會使大鼠瘋狂大吃，刺激另一個區域則會使大鼠對食物完全失去興趣。

飲食是最容易操控的行為。奧爾茲寫道：「大腦中的『獎勵』區域與嗅覺機制和化學反應有關。」就某種程度上而言，風味和愉悅也是其中之一。

奧爾茲的發現被稱為「愉悅中樞」。這個進展相當令人震驚，科學家開始好奇，由糖獲取愉悅的腦部結構，可能也是性滿足或愉快的談話、或是看完一本好書後的滿足感的來源。媒體開始爭論這個見解可能帶來的益處。我們只要撥個開關，或許就能解決不快樂和憂鬱症為個人或社會帶來的痛苦，定義人類處境的苦惱當然也可藉此消除。

•••

不過其實沒有那麼簡單。一九八七年，三十歲的美國密西根大學初級教員肯特・貝里基（Kent Berridge）用大鼠進行一項實驗時，發現一個令他感到困惑的問題。齧齒類動物嘗到甜的東西時，臉部和嘴會出現某種特殊反應，嘴巴微張，舌頭從一邊擺到另一邊，好像在舔嘴唇。這是齧齒類動物的微笑，是美味內在經驗的明確外在徵兆。後來他給予大鼠一種藥物，這種藥物阻斷其愉悅中樞，一如預期地使大鼠變得遲緩和冷漠。不過大鼠嘗到糖時仍然舔了嘴唇，顯然牠們是自己感到愉快，但這應該是不可能的。起初貝里基只是聳了聳肩不以為意。

貝里基給予微笑大鼠的藥物，可阻斷多巴胺（dopamine）這種強效腦激素。奧爾茲進行實驗的年代，這種藥物被視為促進愉悅中樞的化學物質。多巴胺是一種神經傳導物質，大腦藉由這種激素來輸送訊息及觸發神經元。神經傳導物質是動作和情緒等一切人類活動的關鍵。在奧爾茲的時代，不了解多巴胺這種腦內化學物質，還以為它是腎上腺素和正腎上腺素等更重要的激素的建構元件，本身沒有顯而易見的功能。科學家於一九六〇年代發現它是自主運動的必要物質，才了解其重要性。事實上，帕金森症（Parkinson's disease）的顫抖及麻痺現象，就是因為多巴胺減少而導致。生物學家羅伊・懷斯（Roy Wise）後來發現，接受多巴胺阻斷藥品的大鼠表現的結果，與愉悅電極正好相反。大鼠突然陷入十足的冷漠，不吃不喝，甜味和其他愉悅也完全失去誘惑力。

懷斯宣布多巴胺是愉悅化學物質，科學界也隨之響應。他在一九八〇年寫道：「多巴胺連結代表突觸的中繼站……感覺輸入在這裡轉譯成使我們覺得愉悅、興奮或好吃的快樂訊息。」

貝里基再做了一次大鼠實驗，結果仍然相同，所以他開始尋求如何解釋體內沒有多巴胺的動物，為何仍能感受到糖的味道。他懷疑懷斯的說法錯了（當時他們兩人還在合作，所以這樣有點奇怪）。

但他面臨一項障礙，就是大鼠無法說明自己的感覺，只能用臉部表情和行為傳達。他研究古老的愉悅電極實驗時，發現有個有趣的方法能解決這個問題。一九五〇到一九七〇年代之間，美國紐奧良杜蘭大學（Tulane University）的醫師在志願受試者腦中植入電極。這些志願者大多有嚴重精神疾病，研究人員希望腦部刺激可緩解他們的症狀（目前有一種更精確的深層腦部刺激技術，可用於治療嚴重憂鬱症）。

這項實驗頗具啟發性，協助心理學家描繪出大腦解剖結構中，行為和情緒的來源。不過這些結果有時錯得相當離譜。在某個研究結果中，精神科醫師羅伯・海斯（Robert Heath）在一名年輕人（代號為B－19）腦部植入九個電極。這名年輕人有嚴重憂鬱症，但藥物或談話治療都沒有作用，此外他是同性戀者，治療的目的之一是「治癒」他，療法包括觀看色情影片以及兩個小時的妓女服務。

B－19頭上連著好多條捲捲的電線，看來像個半機械人，在某方面而言確實是如此：他變成某種電子傀儡，拉著自己的絲線。海斯給他一個啟動電極的按鈕，其中一個電極安裝在愉悅中樞。的確，施加一小股電流在那裡時，B－19的反應就跟大鼠一樣。他一直按按鈕，三個小時內按了八百五十下。他表示自己有一種很奇怪的感覺，感到自信、放鬆，而且精神為之一振。當實驗室技術員開始斷開電極連線，他哀求他們不要這麼做。這個電極也讓B－19想和男性與女性上床，因此海斯認為自己發現了同性戀的可能療法。實驗進行幾個星期後，電極拆下，B－19離開。海斯持續追蹤他的狀況十一個月，他記錄道：「雖然他看來而且顯然真的變得比較好，但他仍然喜歡抱怨，因此不會很快就承認狀況好轉。」B-19離開後做了幾個兼職工作，和一個有夫之婦維持了十個月的性關係，還告訴海斯，他曾經為了錢而跟男性發生過兩次關係。

看過這些敘述，貝里基注意到一件事。他們原本認為電極會刺激B-19的大腦大量分泌多巴胺，但他似乎完全沒有自己感到愉悅。他的性慾變強，但從來沒有達到高潮。他從來沒說過：「喔，這樣很舒服！」按壓按鈕只會帶來更多期待。貝里基想，多巴胺其實可能根本不會產生愉悅，只會產生對它的渴望。科學家曾經忽視愉悅的重要性，但現在或許也對它的成因感到困惑。

為了尋找其他引發愉悅的化學物質，貝里基開始研究成癮性藥物。嗎啡和海洛因等類鴉片可引起欣快感。答案或許在於大腦本身的天然類鴉片「腦內啡」（endorphin）。二〇〇〇年代初，在提出初步發現近二十年後，他發現大鼠大腦內有兩個區域對腦內啡有強烈的愉悅反應，分別是依核（nucleus accumbens）和腹側蒼白球（ventral pallidum）。他把這兩個區域稱為「快感熱點」。這兩小團神經元大小和針頭相仿，是目前所知唯一可直接帶來愉悅的大腦結構。

快樂熱點中的神經元，可對數種不同的腦內啡產生反應，顯示愉悅相當複雜，許多大腦系統的結果同時交互作用。有一種腦內啡食慾激素（orexin）是比較少見的物質，也與胃口、喚起和清醒有關。另有一種腦內啡稱為大麻素（anandamine），名稱源於梵文中的*ananda*，意為「極樂」。它不僅在愉悅中有一席之地，在痛楚、記憶和更高的思考過程中也有作用。食慾激素和大麻素分別可激發類嗎啡和大麻受體，而這兩者則對海洛因和大麻產生反應。

愉悅的解剖結構連結內臟和大腦更高等的功能，把快感熱點放在正中央。它們的功用類似電路板。熱點共有兩個，另外還有一個觸發噁心的「冷點」。冷點所在區域有許多可引發強烈欲求的多巴胺神經元，兩者一起受到刺激時，貝里基可使大鼠渴望難吃的東西。去除一個熱點可減少愉悅，但不會使愉悅消失。但再去除另一個熱點，則會使甜的東西嘗起來很難吃。這可能代表這個熱點的任務是防止噁心，同時強化愉悅。

糖在舌頭上的單純愉悅，顯然是大腦內部深處某些神經元，產生人體內多種最令人興奮的激素的結果。但無論愉悅來源的解剖構造圖多麼詳細，都不能解釋它的目的。多巴胺造成的渴望所扮演的角色，也還不確定。貝里基更深入研究後提出一項理論，希望以它填補這個空缺。這個理論和許多行為模型一樣相當簡潔，把各種人類決定和行動簡化成一個三角形。

這個三角形的三邊分別是「欲求」、「喜好」和「學習」。它可描述所有行為，但特別適用於味覺和風味。欲求，是進食前充滿欲望以及注意力提高的狀態。喜好，是美味的愉悅，是完成工作以取得食物所獲得的獎賞。欲求和喜好共同促成學習。人類的大腦很快就學會如何滿足自己，學習最美味的食物位於何處，以及如何取得。

一九九〇年代，英國劍橋大學神經科學家沃爾福瑞・舒爾茲（Wolfram Schultz）進行了一連串開創性的實驗，生動地說明了這個動力。舒爾茲還證明多巴胺是渴望背後的推手，也是欲求的動力。在一項測試中，猴子坐在電腦螢幕前方，電腦螢幕播放著幾何圖形。其中有一個圖形出現兩秒鐘後，會有糖漿從瓶中流出，其他圖形則隨機出現。電極測量猴子大腦中某個多巴胺神經元的活動。一開始，猴子啜食糖漿時，這個神經元才會活化。但循環重複數次，猴子學會訊號後，神經元也隨之適應，開始在獎賞來到之前就先活化，因為它預料美味即將出現，同時提高預期和渴望美味。廚房飄來的菜香使我們流口水時，就是多巴胺已經在腦中擺好餐桌了。如果單一神經元可以構成學習，想想看人的大腦一生中有幾十億個神經元做這件事，會是什麼狀況。

貝里基找出愉悅的建構元件之後，開始思考甜味中短暫的「舒服」是什麼。它顯然跟聽見喜愛的歌曲或見到老朋友時的感受不同。但以更深入的觀點來看，這些狀態或許是一樣的。它們在大腦中的形成部位、快樂熱點激發模式和荷爾蒙都相同。功能性磁振造影掃描結果顯示，這個構想是有根據的。不同形式的愉悅具有不同的大腦活動模式，而且這些大腦活動緊密重疊。隨著人類演化以及文化在人類腦中留下印記，把甜味視為更高階的愉悅甚至快樂本身，關鍵或許是古老的神經電路。貝里基說：「終極快樂或許是喜歡但沒有欲求的狀態。這或許就是佛陀的快樂感。」

過度攝食糖將會擾亂正常的欲求、喜好和學習節奏。人類經過演化後，已經習慣只吃足以維持龐大腦部和柔軟靈活的身體運作的食物。胃的容納量有限，內臟和大腦不斷對話以確保平衡。強效荷爾蒙激發大腦中對多巴胺敏感的部位，促使人類在飢餓時尋找食物。進食開始時最飢餓，愉悅達到最高峰，此後逐漸降低，因此沒有人會吃掉一整罐的糖。不過如果持續過量攝取，訊號就會開始扭曲。舉例來說，果糖會提高飢餓肽（ghrelin）濃度，這種荷爾蒙會刺激飢餓感。因此吃糖不僅不會感到滿足，還會讓我們想吃更多糖。

科學才剛開始探討人體和大腦之間，這些極易腐化的途徑。由於我們對味覺基因的了解越來越多，因此可藉由基因工程讓實驗用小鼠和大鼠具有特定遺傳特質，用於進行實驗。耶魯大學神經科學家愛文・迪阿勞荷（Ivan de Araujo）餵食清水和糖水給一種沒有甜味味覺的基因改造小鼠。這些小鼠照說應該感覺不出兩種水的差別，卻明顯偏愛糖水。

一般說來，舌頭的甜味受體會通知大腦，美味的獎賞即將到來。但沒有這個訊號時，迪阿勞荷懷疑，糖仍能透過某個未知途徑告知其存在，因此小鼠即使沒有意識到糖的存在，仍然會渴望糖。為了測試這個假設，他在小鼠的大腦植入電極，測量多巴胺濃度，結果糖水確實會使多巴胺濃度大幅上升。迪阿勞荷認為，身體會以某種方式感覺到糖，並通知大腦有糖存在，使身體渴望更多的糖。他們以藥物阻斷受試者的甜味味覺，重複進行這項實驗，受試者表示，啜飲糖水後有一股模糊的滿足感。

這類衝動能抗拒意志力和藥物。食慾抑制劑可降低飢餓感，但渴望和愉悅等現象更加複雜。多巴胺阻斷藥物可消除對糖的渴望，但同時也會消滅所有動機。可抑制食物引發的愉悅的藥物，也將消除生活中的所有樂趣。

・・・

隨著我們發現越來越多糖的潛在影響，民眾也逐漸體認到它的危害。軟性飲料是美國最大的膳食糖來源，在二〇一〇年代最初數年，它的銷售量先是持平，接著則是問世至今一個世紀以來首度下降。高果糖玉米糖漿的總消費量同樣降低。肥胖率停止上升，但營養學家認為仍然高得令人擔憂。然而糖尿病發生率則持續上升，可能還需要許多年來評估它對公共衛生的影響。

理想的解決方法是味道和糖完全相同，又不危害健康的替代品。但這可說是在味覺方面，全世界最古老的無解問題。羅馬人用鉛製容器熬煮壓碎的葡萄，做成稱為*sapa*的糖漿，用來為葡萄酒、燉菜和其他菜色添加甜味。這種糖漿中的有效成分是醋酸鉛（lead acetate），又稱為「鉛糖」，是葡萄汁和容器產生化學作用而形成。這種成分有毒性。有人宣稱，羅馬帝國之所以衰亡，是整個統治階級都因為sapa而鉛中毒所致（歷史學家對這種說法存疑）。其後醋酸鉛仍繼續當成葡萄酒使用了數百年，可能因此中毒的受害者包括：一〇四七年死於不明原因的葡萄酒愛好者教宗克勉二世（Pope Clement II），以及八百年後的貝多芬。

現代的代用糖，包括粉紅色包裝的纖而樂健康糖（Sweet'N Low）中的糖精，以及零卡汽水使用的阿斯巴甜等，也都各有問題。這些代用糖嘗起來不像糖。以甘蔗或甜菜製作的食糖成分是蔗糖，其分子由果糖和葡萄糖兩種糖構成。高果糖玉米糖漿是這兩種糖的物理混合物，但果糖含量略多。果糖是各種糖中最甜的。甜味受體和果糖分子間能以某種不明方式完全結合，因此其他物質難以模仿果糖的味道。

代用糖的分子也能與甜味受體產生鍵結，但無法完全結合，就像一支鑰匙能插入鎖中，但無法轉到底開鎖一樣。這類糖能與澀味和苦味等其他受體結合，但味道還是不對，例如阿斯巴甜有少許金屬餘味，所以無法完全觸發大腦的愉悅線路。代用糖大多無法完全溶於水中，而且會黏在舌頭上，不會隨水而去，因此它們擁有很強的感覺衝擊力（阿斯巴甜的甜度是食糖的兩百倍），但味道往往也會殘留過久。由於化學結構不同，所以代用糖也不適合用於烘焙。糖不只是甜，而且用途廣泛。加熱後可產生複雜的風味，帶有少許酸和苦。糖可做成從結晶糖到焦糖等多種形式和黏稠度，其他物質無法取代。

目前各種主要人工甘味劑也是實驗室製作的工業化學物質。糖精是約翰霍普金斯大學於一八七八年無意中發現的煤焦油衍生物。阿斯巴甜發現於一九六五年，當時希爾（Seale）藥廠一位實驗室科學家無意中舔了食指，食指上正好沾著一種腫瘤藥物的成分。Splenda代糖的主成分三氯蔗糖（Sucralose）〔1〕，則是糖業大廠泰萊（Tate & Lyle）的研究人員研究把蔗糖衍生物變成殺蟲劑的方法時發現的。人工甘味劑造成的健康疑慮，比糖朦朧不清得多。阿斯巴甜會在腸內產生微量甲醇，而人體會在甲醇分解之前將之轉化成甲醛。甲醛可用於製造防腐劑，本身也是致癌物質。美國食品與藥物管理局曾於一九七六年，因為糖精導致實驗動物罹患癌症而禁用糖精，但後來又因為證據不足而解禁。三氯蔗糖則不會在人體內分解。然而近年來的研究卻顯示，人工甘味劑可能導致糖尿病。

已成驚弓之鳥的消費者，現在一視同仁地拒絕所有人工成分。單單二〇一三年，健怡可口可樂和輕怡百事可樂的銷售量，就減少了百分之七。二〇〇〇年代初開始，食品和軟性飲料製造廠商已經投下數千萬美元，競相尋找天然糖替代品。許多植物會製造有甜味的物質，但這些物質的味道仍然跟糖不完全相同。生長在非洲西部雨林植物西非竹芋（*Thaumatococcus daniellii*）中的蛋白質索馬甜（Thaumatin），甜度高達蔗糖的三千倍，是目前已知甜度最高的物質。它會在舌頭上殘留數分鐘，留下如同甘草的餘味。由南美洲的甜菊葉製造的甜菊則有苦味。

荷瑪洛・坎圖相信，大型食品公司的挫敗為神祕果開闢了蹊徑，但他也面臨本身的障礙。一九七四年，美國食品與藥物管理局把神祕果蛋白歸類為食品添加物，因此必須通過重重測試，才能取得許可，成為食品中的成分。神祕果蛋白的支持者表示，美國糖業在華盛頓擁有強大影響力，是美國政府如此決定的背後黑手。神祕果蛋白目前被歸類為膳食補充品。坎圖還沒發現時，市場上已經出現好幾家新創公司，開始銷售神祕果

1〔編註〕Splenda是美國甜味劑蔗糖素的知名品牌。

萃取物。它的價格仍然相當高昂，每顆高達一・五美元，但研究人員已經發現把神祕果基因轉植到番茄和萵苣的方法，這些植物可產生的神祕果蛋白，比莓果多出許多。就化學上而言，神祕果蛋白不是甘味劑，它風味溫和，但會改變其他風味，而且有時無法預測會有什麼改變。這或許不足以引發膳食革命，但確實顯示：甜味還有許多新疆域有待探索。

「動物製品幾乎全都噁心，但它們也是最營養的食物。所以我們有什麼理由，排斥像肉類這樣富含營養和熱量的食物呢？」

第六章 喜好和噁心

喜好和噁心
Gusto and Disgust

一八三三年，英國海軍小獵犬號（*HMS Beagle*）沿著南美洲海岸航向火地島（Tierra del Fuego），查爾斯・達爾文（Charles Darwin）進行了一連串科學探險。小獵犬號的船長羅伯・費茲羅伊（Robert FitzRoy）聘請他擔任地質專家，協助進行這艘軍艦的主要任務：繪製南美洲海岸線和海床的地圖。幾個月內，他們將到達秘魯外海的加拉巴哥群島（Galápagos Islands），達爾文將在那裡發現奇特的花卉和動物，建立演化論的理論基礎。

小獵犬號向南航行時，達爾文大多數時間在陸地上，觀察及蒐集地質樣本。在阿根廷的不蘭卡港（Bahía Blanca）時，他和高卓人（gaucho）一起騎馬深入彭巴斯大草原，跟他們一起享用烤犰狳。他在烏拉圭以十八便士向農民買下已滅絕的齧齒類動物頭骨，大小和河馬相仿。此外，他還在巴塔哥尼亞沿岸發現大懶獸的骨骼。大懶獸是一種有鱗甲的大型樹懶，現在已經滅絕。

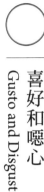

達爾文對居住在南美洲大陸最南端的原住民族，既好奇又反感。當時他二十三歲，第一次航行就進入充滿奇怪感覺的外邦。他看到的人是世界上最奇怪的民族。雅甘人（Yahgan）生活水準不高，靠狩獵和採集維生，乘坐獨木舟在合恩角（Cape Horn）附近的群島活動。他們大多留長髮，即使是寒冷的冬天，身上的衣物也很少。小獵犬號繞過合恩角時，達爾文看到有些雅甘人划著獨木舟，他十分驚訝，認為他們是奇怪的低等人類。「這些可憐的人生長受到阻礙，他們醜陋的臉上塗著白漆，皮膚骯髒又油膩，頭髮纏結在一起，聲音也不和諧，手勢激烈。看見這樣的人，很難讓人相信他們也是人類，而且跟我們居住在同一個世界上」。

他們的食物也很骯髒。他在日記中寫道：「如果殺死海豹或是發現腐敗的鯨魚浮屍，就是一場盛宴，他們用沒有味道的莓果和菌類，搭配這些悲慘的食物食用。」雅甘人會熬煮擱淺鯨魚的屍體，把鯨魚的肉和油埋進沙裡。缺乏氧氣時，這些東西不會腐壞，而會發酵。幾個月後，他們再把它挖出來享用。一位在這個地區待了很久的船友還告訴達爾文更可怕的事：吃人。飢荒來襲時，雅甘人會先吃年老女性，然後才吃狗。一個原住民男孩這麼解釋理由：「狗會抓水獺，但老女人不會。」倒楣的老祖母有時會逃到山裡，然後被抓回來帶到壁爐邊，先用煙悶死，再割下品質最好的部位（但這其實是謠傳，人類學家從未發現雅甘人吃人的證據）。

一八三四年一月十九日，小獵犬號在合恩角北邊長約一百六十公里的比格爾海峽（Beagle Channel，因六年前小獵犬號曾經造訪此地而得名）下錨，共有二十八人上岸，包括費茲羅伊、達爾文，和先前航行中抓來的三名雅甘人。他們分乘四艘小船，沿著東岸划行。第二天，他們誤入禁區，受到驚嚇的印第安人點起烽火，走向岸邊，有些則跟著小船前進。小獵犬號一行人在一處雅甘人營地附近上岸，展開一場嘗試性的會面。這些印第安人起初有點敵意，但船員送給他們螺絲錐和他們綁在頭上的紅色絲帶之後，他們顯得比較熱情。達爾文寫道，其中一名回歸的印第安人吉米・巴頓（Jemmy Button）對這些同族人感到非常羞愧，並宣稱他自己的部落絕對不會如此，但其實他大錯特錯。」

他們都坐在營火邊時，達爾文開了一罐牛肉，吃了起來。當時罐頭製造技術才問世二十年，罐裝肉類也才剛剛成為大英帝國的標準船上伙食。它的味道頂多只能算是尚可，有點像現在的罐頭玉米牛肉，但已經比早前十年使用的煙燻鹹肉改善許多。不論旅途長短，鹹肉往往都會在途中腐壞。

達爾文寫道：「他們很喜歡我們的餅乾，但有一個野人摸了一下我吃的罐頭裡的肉，覺得它又軟又冷，露出覺得它很噁心的樣子，就跟我對腐壞鯨魚油脂的感覺一樣。」

第二天，他們划船到烏拉雅灣（Wulaia Cove），他們在這裡跟「開化的」雅甘人分開，繼續探索這個區域，一個星期後才回到船上。

但這次牛肉罐頭事件一直在達爾文的腦海裡揮之不去。他對雅甘人的觀察結果，使他不得不面對自己的偏見。他和當時許多受過教育的歐洲人不同的是，他認為這些原住民的奇怪品味和糟糕的環境，源自缺乏文明，而非野蠻天性。如果真是如此，他觀察到的極端狀況，就代表人的行為和理性比他想像的更具可塑性。

將近四十年後，在《物種起源》（*On the Origin of Species*）奠定他的歷史地位後，達爾文在他的新作《人類與動物的情緒表達》（*The Expression of the Emotions in Man and Animals*）中提到這次相遇。這本書的主要論述是天擇論的延伸演繹，具爭議性但合乎邏輯：人類有無限多種細微的情緒表達，我們原本以為這些表達可反映靈魂，但其實是由動物的表達演化而來。雅甘人和他自己對牛肉罐頭的反應都傳達了噁心，這種情緒源自對有毒食物的反應，但後來演化得更加複雜：

就最簡單的意義而言，「噁心」這個詞代表味道令人作嘔。食物不尋常的外觀、異味或特質如何立即引起這種感覺，確實相當令人奇怪。我們在火地島上露營時，一位原住民用手觸摸我在吃的冷罐頭肉，立刻顯露出對軟軟的肉感到噁心，但我則對衣不蔽體的野蠻人觸摸我的食物感到噁心，儘管他的手看起來不髒。

每個人覺得反感的不是肉的味道或氣味，而是觸摸和想像的感覺混合後，產生的某種短暫特質。對那名雅甘人而言，噁心的是這種奇怪的新食物在指尖上的感覺，以及他想到將這玩意放在舌頭上這事。對達爾文而言，噁心的是吃下被這種低等人類觸摸過的東西，而且這種人類說不定吃過人肉。

「噁心」（disgust）這個詞源自拉丁文動詞*gustare*，意為「嘗味」和「享用」。字首*dis*意為「分離」或「不」。因此它的字面意義是美味的反面。噁心是人類特有的反應，源於自古以來對苦味、酸味以及鹽分過多的反感，後來再擴及有害的氣味。不過噁心是有彈性的。達爾文說它是「令人作嘔的某種東西，主要與味覺有關，包含實際感知或生動的想像。其次是透過氣味、觸摸甚至觀看，而造成類似感覺的東西」。如此看來，幾乎任何東西都可能引起這種感覺，包括觸摸、看見患病的人、凝結的血、暴力、個人背叛、性偏差以及各種階級的人等等。味覺和嗅覺跟這麼多種看似無關的反應，有什麼關係？

基本的味道可引起欲求和滿足感。香氣則可喚起記憶和感覺。大腦輕鬆地把這些組合成感覺。風味其實在腦中，是完全內在的經驗。不過智人天生是群居性動物，一群群地住在一起、吃在一起，同時合作抵禦危險。人類的感官與世界接軌，也和其他人類接軌。換句話說，噁心是一種溝通媒介。它特殊的奇怪表情從出生就已存在。達爾文在作品中提到：「我有個小孩五個月大時表達噁心的表情，是我見過最直接坦率的。我第一次是把一些冷水放進他嘴裡，一個月後則是一粒熟透的櫻桃。這個表情讓嘴唇和整張嘴，呈現可讓口中物體快速流出或落下的形狀，舌頭同樣伸出。這些動作伴隨著少許顫抖。」噁心不只是特定的臉部肌肉配置，也是人類本身的感覺天地和群體生命之間的調解。群體的存活或死亡，取決於這個團體溝通感覺和資訊的技巧。

•••

達爾文懷著熱忱研究情緒，也運用了一些發明。他請世界各地的科學家和傳教士蒐集原住民族情緒反應的證據。他詢問他認識的年輕母親，關於小孩臉部表情的趣事。他蒐集朋友們對自己養的狗的觀察結果。他委託製作或蒐集了數百張圖片或照片。這項工作遭遇到一些障礙。臉部表情跟它所表達的感覺同樣一瞬即逝，而且當時的攝影技術需要長時間曝光。受試者必須讓表情凝結在臉上，保持完全靜止不動，時間長達一分鐘以上。達爾文沒有這麼做，而是由一位法國醫師進行的實驗取得照片。這位醫師在一位臉部失去所有感覺的患者臉上通電，產生固定的表情，而且時間可以任意控制，只不過照片看來有點令人不安。

《情緒》一書的某些論點是錯誤的。它主張動物可能繼承雙親學習而得的新臉部表情，後來此點已被否定。不過近四十年來，科學已經證明這本書中有個基本見解是正確的，就是臉部表情有生物和演化上的根源。

一九六〇年代末，心理學家保羅・艾克曼（Paul Ekman）造訪新幾內亞東南部高地位置偏遠的佛雷（Fore）部落。他要檢驗達爾文書中的重要概念：人的臉部表情既然是由動物的臉部表情演化而來，那麼它應該超越文化和條件，在地球上任何地點都可辨識。頗具影響力的人類學家瑪格麗特・米德（Margaret Mead）則主張，文化是塑造人類情緒和行動的力量。在第二次世界大戰後的一個世代，主張「人類行為受生物或遺傳驅使」有時會被比做優生學，甚至被視為納粹。達爾文這本書已經絕版數十年，幾乎被人遺忘，書中的觀點也被視為錯誤。

達爾文認為世界共同表情有六種，分別是快樂、悲傷、憤怒、恐懼、驚訝和噁心。

他認為噁心（可能還包括快樂）與食物和風味有關。艾克曼獲得美國國防部一百萬美元補助，研究臉部表情。他先由與世隔絕的石器時代部落著手。如果他們的臉部表情和現代社會人類的表情相同，就可證明文化影響被過度高估，有其他更基本的因素在發揮作用。

佛雷部落由於在宗教儀式中食用死屍的腦，而引起科學界注意。一九六〇年代初，這種行為曾經造成庫魯症（kuru）大流行。這種疾病會破壞腦部組織，導致腫瘤、癲癇、痴呆，最後死亡。庫魯症和狂牛症都是腦部組織中稱為普利昂（prion）的錯誤折疊蛋白質所造成。美國國立衛生研究院的研究人員研究庫魯症流行時，製作了佛雷部落的影片，艾克曼偶然間發現了這片子。

艾克曼花費好幾個月，研究影片中的臉部表情。他觀察了佛雷部落對腐壞食物、痛楚以及同族人的反應。他表示：「我發現達爾文的看法是對的，因為在那文化中我們看得到每一種表情。但問題是，如何取得科學證明？」

他前往世界各地，測驗美國、日本、巴西、阿根廷和智利等地大學年齡人們的反應。他發現他們都能辨認相同的基本表情。但當他測試佛雷部落和婆羅洲的沙東部落時，發現他們對某些表情的詮釋和大學生不同。他猜想，是不是他對影片的觀察有所偏差。但其他因素也可能影響觀察結果。

與石器時代部落合作時往往有特殊障礙。測驗要求志願受試者閱讀基本說明和情緒表後，對臉部表情照片提出回應。但佛雷部落的人不認識字，所以測試員必須把說明念給他們聽。此外，某些情緒也很難翻譯成他們的語言。艾克曼也無法確認，佛雷部落完全未由外界獲取可能影響答案的知識。最後他稍做調整，重新進行測驗。他找來與傳教士和其他外來者接觸極少的兒童，並以一組針對佛雷部落文化撰寫的極短篇「故事」取代情緒表，每個故事描述一種情緒。描述噁心的故事是「他（她）看著他（她）不喜歡的東西」或「他（她）看著發出怪味的東西」。

這些測驗顯示，佛雷部落的臉部表情和美國或日本等已開發國家的人，幾乎完全相同。其中有細微的差異，它們顯示，文化在形塑這些反應的過程中占有一席之地：佛雷部落對恐懼和驚訝的區分，和其他文化不同。雖然佛雷部落可在其他表情中辨認出噁心，但他們覺得噁心的東西則各不相同。不過達爾文還有一點顯然也是正確的：基本上，大英帝國人民和火地島居民間的差異，其實不大。

• • •

基本的「噁心」表情告訴其他人一個非常清楚有用的警訊：把它吐掉！看見這個表情時，會因為移情作用而臉部扭曲。這類傳遞訊息的方式確實是人類演化的遺緒。人類有許多腦力用於產生及理解臉部表情。人類、人猿和某些猴子的主要視覺皮質（大腦中初步處理視覺的區域），以及控制臉部表情的神經元結節，都比其他哺乳類動物大上許多。這些物種生活的群體比其他靈長類動物大，社會階層也比較複雜。對早期智人族群而言，狩獵、採集和準備食物，以及後來的共享和品嘗食物等節奏，應該助長了更細微精確的溝通形式。某些時候，許多哺乳類動物因為噁心而呈現的扭曲表情，開始產生新的用途，其中最重要的，就是警示疾病。

疾病持續不斷地對群居人類造成威脅。疾病的攻擊管道很多，與食物中的毒素不同。細菌和病毒可透過食物、實體接觸和昆蟲螫咬，在不知不覺中散播。早期人類已能辨識可能遭到感染的警訊，例如腐敗的食物、化膿的傷口、發燒、起疹子、嘔吐等。這些狀況都會引起最初期的厭惡感，這種厭惡感不僅較新，也更加廣泛。

倫敦衛生及熱帶醫學院（London School of Hygiene & Tropical Medicine）生物學家瓦萊麗・寇蒂斯（Valerie Curtis）設計出一種巧妙的方法，用以觀察這類古老轉變在紛亂現代生活中的樣貌。二〇〇三年，她在ＢＢＣ網站上張貼了二十張隨機選取的人物和物件照片。

網站訪客為每張照片的噁心程度評分，分數是〇至五分。

這些照片中有幾組是兩張類似的照片，其中一張經過修改，讓人聯想到疾病。其中有一張照片是一盤藍色液體，另一張照片則是看來像膿和血的東西。還有一張照片是健康的男性臉部，但在修改過的照片中，他的皮膚上有許多斑點，看起來好像在發燒。為了讓人聯想到病菌感染，寇蒂斯加入一張空無一人以及一張擠滿人的地下鐵車廂照片。全世界有將近四萬人加入這次評分。不意外，大多數人認為與疾病有關的影像比較噁心，而且女性比男性更明顯。寇蒂斯認為這樣的高敏感度，或許可協助早期人類女性防止嬰兒和小孩生病。加州大學洛杉磯分校（UCLA）人類學家丹尼爾・菲斯勒（Daniel Fessler）發現，女性在懷孕前三個月期間更容易感到噁心，因為此時女性的免疫系統功能減弱，以避免攻擊胎兒。疾病風險升高時，大腦和身體以提高警覺性來因應。

人的年齡漸長，警覺性也隨之降低。在寇蒂斯的研究中，參與者年齡越大，對疾病照片的反感程度越低。寇蒂斯認為這是因為年長者繁衍能力較低，所以從自然淘汰和族群生存的觀點看來，老年人較不需要留意疾病的警訊。另外，寇蒂斯還請大家從清單中列出最不願意共用牙刷的人，清單內容包括郵遞員、老闆、電視氣象預報員、兄弟姊妹、最好的朋友以及配偶。關係越疏遠，共用牙刷給人的感覺越噁心。陌生人使未接觸過的免疫系統生病的風險，高於朋友或親戚。

寇蒂斯把這類反應稱為「行為免疫系統」。它是一組結合感覺與團體動力的暗示。這些習慣建立在觀察、自制，以及最終的成功之上。許久以來，行為免疫系統一直在調整及擴大其範圍，以因應永無止境、不斷改變的威脅。當「噁心」表情套用在新的事物和狀況上時，人類會再加上語言和手勢，創造不斷擴增的表達技巧。

• • •

厭惡和噁心表情是一個古老迴路的產物，此迴路可觸發神經元、血流，以及範圍涵括島葉和眼窩額葉皮質的大腦神經傳導物質活動。噁心使用同一個迴路，但把這個線路改成新的用途。有一位親切隨和的男性受試者，協助科學家探索這個黑盒子的內部，科學家稱他為「B患者」。

一九七五年，B患者四十八歲時罹患嚴重腦炎，病因是皰疹單純型病毒導致腦部發炎。B昏迷了三天，清醒後逐漸好轉，一個月後出院。但B的大腦和心智受到嚴重損害。感染破壞了杏仁核和兩個半球的海馬迴等，與記憶和情緒有關的結構。他記得他小時候發生的事件和發生日期，但後來的記憶幾乎完全消失。他一直生活在現在，新的事實只能留存四十秒。他的知識大多是概括性的，他記不得自己的婚禮，但知道婚禮是什麼。儘管如此，剛剛認識他的人或許不會立刻發現問題。他看來很快樂，經常大笑，下起西洋跳棋活力十足，而且非常歡迎神經科學家在他身上進行測試。他很喜歡科學家提供的智力挑戰。

B患者的怪異轉變與風味有關。他的部分島葉和眼窩額葉皮質受損，分辨不出鹽水和糖水的差別。他喝這兩種水時都帶著微笑，如果有人要求他指出比較喜歡哪一杯，他會隨便亂選。B確實還有一些味覺，但大多是無意識的。二〇〇五年，神經科學家羅夫・阿道夫（Ralph Adolphs）和安東尼奧・達馬席歐（Antonio Damasio）進行了一項實驗。這項實驗同樣給B鹽水和糖水，但這次把水染成紅色或綠色。如此一來狀況完全改觀。

測試員要B試喝兩種水並選出比較喜歡的一種時，他在十九次中有十八次選擇糖水。測試員要B啜飲一口鹽水時，他激動地拒絕了。色彩創造（或呈現）他對糖水的偏好，但他完全沒有察覺或體認到甜味本身。阿道夫和達馬席歐推測，B的大腦中有些能分辨鹹甜的部分沒有受損，但已經和有意識的受損大腦分離。就像孤立無援的人發射信號彈，試圖引起經過的船隻注意一樣，色彩促使大腦這個部分向外界發送它的真實感覺。

B的厭惡感實際上已經受損，他的噁心感應該也是如此。他已經忘記噁心是什麼，連曾經感覺噁心都不記得了。他曾經推回一杯純檸檬汁，宣稱它「很好喝」。當B讀到講一個人正在嘔吐的故事，他說他想到的是這個人肚子餓或是很高興。實驗人員表演各種臉部表情給B看。B認得出某些表情，但認為噁心表情是「又餓又渴」。有一位研究人員嚼過食物再吐出來，發出反胃的聲音，又做出噁心的表情，B患者居然又認為那些食物「很好吃」。

B患者的大腦損傷十分嚴重，無法精確指出感覺、想像及辨識噁心等各項功能在何處及以何種方式結合，因此神經科學家開始尋找。它引導科學家來到熟悉的地點。一項在法國國家科學研究中心進行的實驗中，有十四名志願受試者一面觀看影片，一面接受大腦掃描。影片內容是其他人嗅聞裝有噁心、愉悅或中性液體的玻璃杯後的反應。接著這十四名受試者自己嗅聞這些玻璃杯並接受掃描，再比對兩次掃描的結果。掃描結果顯示，觀察和體驗只有一個地方互相重疊。這個地方是島葉前部，也就是處理味覺的區域。這個地方似乎也是內在感覺和外表移情反應結合的位置。

感受和觀察噁心表情，會產生類似的大腦活動模式，以及類似的主觀感覺。這是移情作用的基本形式。大腦掃描顯示，一個人的同理心越強，對噁心越敏感，島葉活化程度也越高。別忘了，島葉也是許多體內狀態和感覺的集中點。它的神經元把味覺系統和牽動臉部肌肉、辨識表情、喚起記憶，以及讓我們說話、想像和說故事的各種大腦結構連結起來。此外它還含有另一種僅存於人類、大猩猩、鯨魚和海豚大腦中的神經元。這種長紡錘形的神經元大多位於島葉，傳遞訊息的距離遠比一般神經元來得長，可能是為了連結腦容量較大的動物不斷擴大的腦部皮質各處。紡錘形的神經元似乎有助於解譯和回應情緒提示、塑造我們的關係和社會人格。

這表示內臟味覺反應潛藏在我們最複雜的行為之下，操縱我們從政治到金錢等各方面的想法與判斷。加拿大多倫多大學心理學家漢娜・查普曼（Hanah Chapman）想知道，內臟噁心反應的影響範圍是否超越味覺和避免疾病，擴及其他行為。她於二〇〇九年針對位於嘴部及上唇兩側的對生肌肉，進行了一項實驗。這些肌肉稱為提上唇肌（levator labii），當我們做出噁心表情時，這些肌肉會收縮並皺起鼻子。

實驗第一階段，以電極測量肌肉對苦味飲料和排泄物、外傷和昆蟲等照片產生的緊繃反應。接下來查普曼重新進行實驗，但這次和志願受試者一起，進行經常出現在心理測驗和賽局理論中的「最後通牒遊戲」（Ultimatum game）。遊戲中的兩名參與者共有十塊錢，其中一人提議分錢方式，另一人決定接受或拒絕提議。如果接受提議，則兩人依此方式分錢，如果拒絕，則兩方都得不到錢。測試者以儀器監控遊戲參與者的臉部肌肉，同時讓參與者評估對分錢方式和結果的情緒反應。提議越不公平，參與者感到越噁心，提上唇肌抽動，而且越可能拒絕。對手只給自己十塊錢中的一塊錢時，提上唇肌收縮大幅增加。

這個訊號相當清楚，不公平造成的肌肉抽動，和嘗到難吃的味道相同。違反公平的日常道德規範沒有引發憤怒，而是造成強烈反感、拒絕不公平的提議，同時拒絕提出此建議的人。此時味覺轉變成原始的道德形式。

一九八〇年代，美國賓州大學心理學教授保羅・羅敬（Paul Rozin）對這些不同程度的噁心，感到非常好奇。當時這個領域沒有其他人有興趣，這個主題也被視為不重要的死胡同，但他決定探究到底。羅敬在一九八五年的一項實驗中，探究了兒童如何產生玷汙感（雅甘人觸摸達爾文罐頭裡的肉時，達爾文心中出現的就是玷汙感）。

羅敬在蘋果汁旁放了一把梳子，又在餅乾旁放了一隻死蚱蜢，添加特別為引起噁心感而設計的情境。接著他讓一群年齡介於三至十二歲半的兒童，觀看這兩組物品。

首先，一位研究人員告訴這些兒童，她用梳子攪拌過果汁後，他們就可以喝這杯果汁。在一項測驗中，梳子是全新的。在另一項測驗中，志願受試者被告知梳子是用過的，但已經洗乾淨。在第三項測驗中，狀況則是梳子被測驗員自己拿來梳過頭髮。接下來，測驗員把一隻死蚱蜢放在一盤奶油酥餅旁。研究人員把綠色的糖撒在餅乾上，說這些粉末是蚱蜢磨碎做成的，但味道跟糖一樣。最後，實驗人員倒出一些果汁，拿出另一隻死蚱蜢，把它放在杯子裡。蚱蜢漂浮在果汁表面。她給一名兒童一支吸管後說：「你想喝點什麼？」

兒童年齡越大，拒絕受汙染物品的比例越高。年齡介於三至六歲之間的幼童，有百分之八十喝了表面上以用過的梳子攪拌過的果汁，但年齡較大的族群則只有百分之十這麼做（但這個族群有整整百分之二十，決定嘗試表面浮著蚱蜢的蘋果汁，這可能是受青春期膽量的影響）。但針對成人進行相同的測驗時，受試者更加敏感。六十七名兒童中，只有五人拒絕飲用以全新梳子攪拌過的果汁，成人則有將近一半拒絕。

噁心感隨年齡而改變。兒童長大成人後，社會互動變得更加複雜。在此同時，他們也在學習社會規範。這兩者都把本身印記在大腦中。人類成年後，噁心的個人宇宙呈指數擴大。羅敬和喬納珊・海特（Jonathan Haidt）把它分成四大類，分別是不適當的性舉止、衛生不良、死亡，以及創傷、肥胖或畸形等違反身體基準的狀況。

羅敬發現了隱含在其中的想法。我們不喜歡想到人類是動物，會流血、排泄、交合和生病。這些都讓我們想到死亡。我們是唯一知道自己終將一死的動物，噁心是眼睛藉以逃避令人聯想到死亡的事物的手段。

人類要吃到東西，必須犧牲動物或植物的生命。屠宰和銷售動物等過程我們是眼不見為淨，腹脇牛排、分切過的雞和豬肋排都脫離了實體，位於超市的玻璃罩和保鮮膜內，就像魔術變出來的。在美國，只有少數幾種動物被視為可供食用，包括牛、豬和魚，但不包括馬、狗或大鼠。某些器官相當細嫩，例如肝臟和牛胰臟中的胸腺等，膀胱、心臟和腦部等器官則令人排斥。這些規範隨地域和文化而各不相同，看來似乎毫無規則可言。豬腳在南美洲是常見的食物，墨西哥有牛雜湯，而在中國，雞的每個部分都可以食用。

在某些極端的例子中，整個國家非常喜愛某些令外國人退避三舍的事物。這使噁心與美味之間的界線變得十分模糊，而且可能隨地理環境、氣候和文化而變。冰島廣受歡迎的食物臭鯊魚（hákarl）的材料，是發酵的格陵蘭鯊魚肉，以帶有強烈的阿摩尼亞味著稱。臭鯊魚已經成為道地美食愛好者的挑戰，連著名廚師也經常敗下陣來。安東尼・波登說，它是他這輩子吃過「味道最恐怖、最噁心、最可怕的東西」。旅遊頻道《古怪食物》（*Bizarre Foods*）節目主持人安德魯・席曼（Andrew Zimmern）聞過它的味道，說他想到了「這輩子聞過味道最可怕的東西」，但他後來覺得，它的味道還算可以接受。《廚神當道》(*Master Chef*)的戈登・拉姆齊(Gordon Ramsay)吃了一口就吐掉了。

由於生理結構特殊,所以格陵蘭鯊魚肉含有毒性。鯊魚並非透過尿液排出體內廢物,而是透過肌肉和皮膚。格陵蘭鯊保留了濃度極高的尿素(尿的主成分)以及氧化三甲胺(TMAO),這種強烈神經毒可導致近似泥醉的症狀,甚至可能死亡。中世紀末,冰島人解決這個問題的方法,是把鯊魚肉埋在沙中,上方放置石塊壓出毒性成分,如此放置數個月,如同雅甘人處理鯨魚的肉和脂肪一樣。這些材料歷經數個月冰凍、解凍再重新冷凍後,其中的嗜乳酸桿菌和不動桿菌大量增生,產生可分解尿素和TMAO的酵素。然而有兩種副產品會使它的氣味更加難聞。尿素分解成阿摩尼亞,TMAO則分解成三甲胺,也就是使腐壞魚肉產生特殊氣味的主要成分。

位於熔岩地層附近的偏遠海上小鎮比亞納赫芬(Bjarnarhöfn),是冰島屈指可數的臭鯊魚製造地點之一。克里斯汀・希爾地布蘭森(Kristian Hildibrandsson)經營的工廠,每年大約處理一百條鯊魚,還有一所小型博物館展示這種傳統美食的種種。希爾地布蘭森的父親和祖父以前用二十英尺平底漁船拖釣鯊魚,現在則在碼頭向大型拖網漁船購買。他用木箱壓縮鯊魚肉四到六個星期,接著把橙黃灰三色夾雜的魚肉條懸掛在博物館後方的棚子裡風乾。棚子周圍半徑十五公尺內,都瀰漫著強烈的阿摩尼亞味,連雨天也一樣。

數百年前，半腐壞的鯊魚肉是維京人殖民地冬季僅有的食物。今天，臭鯊魚則是切成小塊，在隆冬時節為祭祀北歐雷神索爾（Thor）而舉行的臭食節（Þorrablót）中，搭配燒酒（冰島製的香料烈酒）食用。希爾地布蘭森請訪客試吃一小塊臭鯊魚搭配黑麵包。他說：「有些人喜歡吃過臭鯊魚後來點黑麵包，可以清除口裡的味道。」腐敗的阿摩尼亞味會出現兩次，遮蓋所有氣味，第一次是拿出魚肉時，第二次則是咀嚼魚肉時。

決定哪些食物噁心、哪些又是珍饈的規則，沒有生物上的基本原理，而是複雜社會的產物。這些社會提供了許多種食物，並且有足夠的條件可依據傳統劃定這類界線。羅敬表示：「動物製品幾乎全都噁心，但它們也是最營養的食物。所以我們有什麼理由，排斥像肉類這樣富含營養和熱量的食物呢？」

噁心的來源永無止境。羅敬發現懼怕汙染是最持久的原因。物品只要被視為受到汙染，這種特質就可能傳播到它接觸的所有物品上。這種不潔感或許只是隱喻，但對大腦而言非常真實。研究人員證明，強迫疾患等心理疾病患者有過度噁心感，因此往往藉由洗手等重複行為，驅除這種汙染感。出現這類強烈混亂的噁心感時，社會必須設法加以處理。舉例來說，與猶太潔食（kosher）有關的希伯來律法，明確定義了哪些食物潔淨，以及哪些食物已受汙染。在《聖經》中，上帝命令猶太人，只能食用可反芻的偶蹄類動物以及有鱗片的魚類，因此不可食用豬、兔和貝蝦蟹類等其他動物。食用動物必須健康沒有疾病，同時必須依據儀式，以一刀劃過喉嚨加以宰殺。

噁心也會變質。它可能發展成分裂國家和民族的文化力量。艾克曼表示：「我認為噁心是一種極度危險的情緒，它可能導致集體屠殺。當你認為某種人令人厭惡，就會不把他們當人看待。希特勒的宣傳部長約瑟夫・戈培爾（Joseph Goebbels）曾經寫道『猶太人就像虱子和疾病』。這些都是噁心的字眼。」

再回顧一下達爾文的雅甘人和牛肉罐頭事件。達爾文是典型的人類學者，正在尋找超越文化的共通科學解釋。但他和雅甘人的反應顯示他們之間無法溝通。他們生活在不同的世界，對牛肉罐頭的感覺，因為童年經驗和各自的社會規範而有所不同。他們的反應，呈現出風味本身長遠演變過程中的轉折點，正在興起的現代世界和奇特的食物發明，與塑造人類味覺但正在逐漸消失的自然世界，互相交會。

對達爾文而言，雅甘人的觸摸近似於汙染，使原住民顯得骯髒的因素會移轉到肉上。觸摸食物的是人而不是動物，更使噁心感變本加厲。達爾文於一八六二年寫信給同行時這麼說：「我在火地島上第一次看見裸體、彩繪、顫抖的可怕野人時，想到我的祖先應該也是類似的生物。這個想法跟我現在認為更久遠之前的祖先是毛茸茸的野獸一樣噁心，不，其實更令人噁心。」

達爾文的反應是當時的產物。大英帝國當時正值盛世，在全世界曾經相當偏遠的地方，許多背景與達爾文相似的人遇見了部落族人，並設法征服和「教化」他們。十八和十九世紀對於部分或全部時間遠離文明生活，依靠採集維生的「野孩子」（wild children）都很著迷。他們橫跨自然與文明間的界線，在兩者中來來去去。以二十一世紀的術語來說，野孩子有食品問題。法國心理學家盧西恩・墨爾森（Lucien Malson），蒐集了從一三四四年「狼孩子赫西」（Hesse wolf-children）到一九六一年「德黑蘭的人猿孩子」，時代跨越六個世紀的五十三名野孩子的資料，找出他們的故事中的共同點。

野孩子通常依靠土地維生，取食幾乎無法食用的物品。墨爾森寫道：一六七二年在愛爾蘭發現的一名羊孩子，「對寒冷完全無感，而且只吃青草和乾草」。一七一七年在荷蘭茲沃勒（Zwolle）發現的女孩在十六個月大時遭到綁架，後來被遺棄，「當時她穿著粗麻布，吃樹葉和草維生」。他們重返社會時，口味跟一般人完全不同，就像雅甘人對達爾文一樣。他們拒絕正常食物，只吃某些可怕的食物，而且不介意血、排泄物和汙物等一般人厭惡的東西。他們在生活中未曾跟人類互動，因此也沒有行為免疫系統或文化線索告訴他們該如何反應。

野孩子艾維隆（Aveyron）是其中最著名的例子。一八〇〇年左右，年輕的尚馬克加斯巴・伊塔德醫師（Jean-Marc-Gaspard Itard）在巴黎的國家聾啞研究所（National Institution for Deaf-Mutes）工作。一七九七年，獵人在法國庇里牛斯山拉卡恩（Lacaune）的森林裡抓到這男孩，他逃了出來，但一年半後又被抓到。這個男孩原先被診斷為「白癡」，不可能重返社會。但伊塔德認為野性可以治癒。他每天陪男孩共度好幾個小時，試圖協助他社會化。他給這個男孩取名維克多（Victor），並詳細記錄他們做的每一件事。這是史上極早把科學方法運用到心理學上的例子。

起先只有食物能吸引維克多注意。他完全忽略其他聲音，只聽得見敲開核桃的爆裂聲。他也吃橡實、馬鈴薯和生的栗子。維克多讓伊塔德醫師餵他溫牛奶和煮熟的馬鈴薯，其他東西都吐出來。他的感覺非常紊亂，有時會把手伸進沸水拿取馬鈴薯，而不顯得疼痛。慢慢地，他的感覺能力開始演化。

幾個月內，他已經轉變成只吃熟食，此外他還把餐桌禮儀發揮到極致。伊塔德寫道：「這個孩子到巴黎後，有一小段時間吃的東西非常噁心。他拖著食物在房間裡四處走，用沾著汙物的手拿東西吃。但是到後來，只要有灰塵或塵土掉在他的食物上，他就會不斷把盤子裡的東西丟進鍋子。他用腳壓碎核桃之後，會不怕麻煩地以最優雅、最細膩的方式清理核桃。」維克多的噁心感變得非常強，伊塔德甚至覺得他做得太過頭。

同時，營火邊蹲在達爾文旁的雅甘族人，厭惡罐頭牛肉的外觀和溼冷的觸感。他沒辦法確定那究竟是不是食物。它只有一點點像動物的血肉，不論生的還是熟的。當時許多歐洲人沒看過牛肉罐頭，應該也會有相同的反應。

牛肉罐頭是新發明。一七九五年，法國大革命後成立的議會「督政政府」（Directory）面臨一個問題。督政政府的軍隊在國內和叛亂分子作戰，拿破崙同時也率領軍隊抵抗義大利和奧地利等國的敵軍。煙燻、醃製、鹽漬和其他保存食物的古老方法，都宣告失敗。補給糧食腐壞，整個軍隊沒有東西可吃。督政政府懸賞徵求可靠的食物保存方法。這項工作最後進行了十四年才告完成，但督政政府只存在了四年便告消失。

四十五歲的糖果師傅，同時也是革命分子，在巴黎開設「名望」（Fame）甜點店的尼古拉・阿佩爾（Nicolas Appert）接受了這個挑戰。他經常使用糖、糖漿和糖漬水果〔1〕，知道如果保存方法正確，某些食物可以無限期保存。他不知道是否有適用於各種食物的單一方法。有一種眾所皆知的葡萄酒保存方法是加熱。他從這裡著手，試驗不同的瓶子、

1〔原註〕阿佩爾還發明了薄荷酒，可用來當成冰淇淋配料。

罐子和鐵罐，最後發現：如果把食物放在罐子裡，以軟木、鐵絲和蠟完全密封，再放在水中加熱五個小時，食物就可保存數個星期甚至數個月。

這種處理方法可消滅造成腐敗的微生物，同時斷絕氧氣來源，防止新微生物生成。阿佩爾不清楚這些看不見的過程，但他的方法顯然有效。巴黎的主廚非常喜歡這種方法。他們從此擺脫季節限制，一年四季都能用到需要的食材。一位美食家極力讚揚名望甜點店櫥窗裡的瓶瓶罐罐，寫道：「上面的青豆非常翠綠、柔軟，比盛產期吃到的青豆風味更棒。」

阿佩爾製作了青豆、鷓鴣和肉汁罐頭，送到法軍手中。後來海軍實地測試了這種技術，並加以採用。一八一〇年，當時的皇帝拿破崙支付阿佩爾懸賞獎金一萬兩千法郎（折合現今幣值約三萬兩千美元）。阿佩爾撰寫了《長期保存各種動植物材料的技術》（*The Art of Preserving All Kinds of Animal and Vegetable Substances for Several Years*），並開設罐頭工廠。但是玻璃瓶容易碎裂。英國商人彼得・杜蘭（Peter Duran）採用類似技術，但改用表面鍍錫防鏽的鐵罐，並在一八一〇年取得專利。幾年後，英國海軍採用這種方法保存肉類，小獵犬號出海航行時，罐頭已經成為軍艦標準伙食。

「罐頭興起」是全世界飲食習慣與品味出現重大轉變的一部分。數十年間，新的科技和耕種技術以及鐵路和蒸汽輪船問世，使更多人得以取得肉類，尤其是牛肉。在此同時，科學家也開始以動物皮肉當成營養、外形和風味範本，來進行實驗。

與達爾文同一時代，一八〇三年生於德國的傑出化學家尤斯圖斯・馮・里畢格（Justus von Liebig）把這個重大變化推展到各地。里畢格進行一連串開創性的有機化學研究，找出對植物生長最為重要的元素，並發明氮肥，農業就此全面改觀。接下來，里畢格把心力轉到食物上。他的目標是以科學操縱自然，因為他認為，大自然在提供營養方面效率十分低落。他希望新科技未來能讓人類合成所需的各種食物。他開始依據科學原理設計食物和撰寫風味方程式。

里畢格推測，肉類最重要的營養成分都在肉汁中，燒灼是防止肉汁蒸發的最佳方式，也是唯一的辦法，因此廚師應該在烹煮肉類前先煎黃表面，封住肉汁。然而數百年來，廚師大多先讓肉類與火焰保持一定距離，加以燒烤，最後再很快地把表面煎黃，跟里畢格的想法完全相反。但到了十九世紀中期，廚師反而經常把肉類燒焦。里畢格的說法其實不正確。肉汁沒有那麼營養，肉類表面煎得太焦，反而很容易變乾（適當地煎黃肉類表面確實可使肉類更好吃，釋出鮮味和梅納化學物質，因此目前仍是標準程序）。

里畢格在這個領域中最重要的成果，就是發明新型食物。在他的事業開始之前，阿佩爾和其他食物保存者做的事情，不僅前無古人，而且基本上非常奇怪。保存其實是中斷發酵等創造風味的過程，阻止時間流動。里畢格則更進一步，使肉類變得更緊實，同時除去它麻煩又觸目驚心的外觀。他把肉類熬煮成精華後做成方塊，日後再用這些方塊製作清湯。他認為這類清湯可滿足全世界。里畢格的肉類萃取物最初開發於一八五〇年代，在南美洲的牛脂工廠製造，成為熱門產品。里畢格牛肉清湯塊目前仍在英國生產。儘管里畢格發明這類方塊的用意是保存營養，但它的優點不是風味，也不是營養。然而如同現在許多源自它的加工食物一樣，它的風味溫和均一，容易預測又十分可靠。

達爾文的雅甘人同伴仔細檢視這種奇怪的溼軟物質時，可能不知道他眼前的東西是未來的食物和風味。文明世界認為狩獵、屠殺、分切和食用動物噁心，但這些過程有助於塑造人類的身體和大腦，雅甘人現在也仍然這麼做。這些過程是野蠻的象徵。科技已經發明出許多方法，使這些過程幾乎完全從眼前消失。人們對食物來源所知越少越好。

就像過去幾個世紀以來，我們飲食中的用糖量大增一樣，辛辣口味對人類的生理和飲食趨勢也是一大考驗，不同的是，辣味帶來的影響，有可能是利多於弊。

第七章
尋找天下第一辣

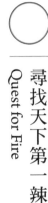

尋找天下第一辣
Quest for Fire

二十一世紀初，一群來自世界各地的業餘園藝好手，展開了一場絕無僅有的競賽。他們在院子裡翻土、交換種子、上網搜尋資料，不過他們的目的聽起來，反倒像是在食品科學實驗室才會發生的事：培育出天下第一辣的辣椒，推翻紅色沙維納（Red Savina，又稱紅色殺手辣椒或紅魔鬼）在一九九四年《金氏世界紀錄》留下的紀錄。這種紅色辣椒的外皮光滑，大小有如乒乓球，辣度是墨西哥青辣椒（jalapeño）的兩百倍。

對於這個日益壯大的嗜辣族群來說，嘗試超辣辣椒除了是鍛鍊廚藝，也是在考驗勇氣。這群熱衷於培育辣椒的園丁們認為，辣椒的潛力根本還沒完全發揮。為了讓辣椒的潛力完全展現，他們不停的配種、嫁接，希望培育出一代比一代辣的辣椒。有人用熾熱的燈光照射辣椒、有人減少水分供應，各種無奇不有的招數都使出來了，目的就是要讓辣椒的威力發揮到極點。一旦培育出具有冠軍相的辣椒，就會進一步將它送到實驗室去鑑定它的辣椒素（capsaicin，使辣椒會辣的化學成分）濃度。最終目標，是要超越紅色沙維納當年創下的紀錄：五十七萬七千個史高維爾辣度單位（Scoville heat unit）。〔1〕

歷盡千辛萬苦後，隸屬哈巴內羅（habanero）辣椒家族的紅色沙維納，終於在二〇〇六年被打敗了。起而代之的，是印度農夫培養出來的印度斷魂椒（Bhut Jolokia），這種辣椒是乳白色的，所以有個別名叫「鬼辣椒」（ghost pepper）。它生長在印度東北的阿薩姆（Assam）地區已經有數十年，而且非常普遍，辣度有一百萬個史高維爾辣度單位。不過，這時候大家種辣椒已經種出心得來了，新紀錄很快就被刷新，在二〇一〇年到二〇一一年間，冠軍寶座在短短的四個月之內就易主三次。

首先，是英國林肯郡（Lincolnshire）的尼克．伍德茲（Nick Woods）培養出來的無限辣椒（Infinity Chili，辣度達一〇八七二八六個史高維爾辣度單位）。但是沒多久，它的地位便被英國坎布里亞郡（Cumbria）一家酒吧的老闆傑洛德．弗勒（Gerald Fowler）培育出來的娜迦毒蛇辣椒（Naga Viper，辣度達一三五九〇〇〇個史高維爾辣度單位）取代了。繼而代之的，是澳洲植物達人馬歇爾．迪維特（Marcel de Wit）培育出來的千里達毒蠍辣椒

1〔譯註〕美國化學家韋伯．史高維爾（Wilbur Scoville）於一九一二年制定，以自己的姓氏命名的辣度測量單位。

「布奇T」(Trinidad Scorpion "Butch T",辣度達一四六三七〇〇個史高維爾辣度單位)。迪維特將他培育出來的辣椒帶到墨爾本去製作辣椒醬時,廚師們甚至得穿上化學防護裝備,以避免吸入烹調過程產生的辣煙,或碰觸到濺起的汁液。

在這同時,住在美國南卡羅萊納州,在銀行負責貸款業務的愛德·柯里(Ed Currie),也準備好要挑戰金氏世界紀錄。他利用木架和白色塑膠布在自家院子蓋了一間溫室,裡面種了數百種辣椒。雖然他的辣椒醬生意已經很不錯了,但是他希望可以獲得更多肯定,最好還能成為世界紀錄的保持人。終於,柯里種出了自己認為應該可以穩坐冠軍寶座好幾年的辣椒,他稱它為卡羅萊納死神辣椒(Smokin' Ed's Carolina Reaper)。這種辣椒屬於以灼熱感著稱的中華辣椒(*Capsicum chinense*),它的外表呈火紅色、皮皺皺的、形狀像拳頭、長度約一英寸。經過附近的一間大學證實,它的辣度有一百五十萬個史高維爾辣度單位以上,有些甚至高達兩百萬。柯里將文件寄至金氏世界紀錄,但是紀錄的確認通常得花上幾個月,甚至幾年。這段時間,他除了耐心等待,也繼續想辦法讓他種的辣椒再辣一點。

生物學上,辣椒的辣不屬於味覺或嗅覺,而是一種本能和直覺上令人不適的灼熱感。動物不偏好這種感覺,但是人類卻對這樣的刺激躍躍欲試。至於為什麼辣椒會在各種料理中這麼普遍，以及為什麼有些人即使受盡折磨，也要嘗一口那辣死人的滋味，科學上有幾種解釋，不過到目前都還沒找到完全讓人信服的理由。其中一個理論講的是地域性：吃辣會使人流汗，可以幫助散熱，所以辣椒在熱帶地區比較常見。但是這個說法不能解釋，為什麼寒冷地區的人也逐漸吃起辣來了。另一個理論認為，吃辣可以刺激感官：食品科學作家哈洛德・麥克吉（Harold McGee）表示，嘴巴裡和舌頭上的神經受到灼熱的刺激後，味蕾會短暫的對觸覺和溫度變化等變得比較敏感，這麼一來，食物的味道嘗起來會更鮮明、更令人愉悅。但另一方面也有科學證據指出，辣椒造成的灼熱感，其實會讓神經的感覺變得比較遲鈍。

在生物學上完全講不通的人類吃辣習性，可謂一宗味覺懸案。甜味、苦味、酸味、鹹味或鮮味都有悠久的歷史，它們的存在比人類早了數億年，但是辣味對智人來說，還是一種頗為新穎的味道。辣椒的起源地在南美洲安第斯高原（Andean highlands）橫跨現今秘魯和玻利維亞的地方，距離現代人起源的東非大裂谷（East African Rift Valley）非常遙遠。人類首度品嘗辣椒，大概是在一萬兩千年前，從亞洲遷移到美洲的路上；真正變得比較普遍，則是五百年前左右。人類不斷在嘗試新的口味、愛上新的味道。辣椒的興起意味著，人類還在發掘新的感官刺激味，持續拓展我們的味覺版圖。這當中的意涵相當複雜。人類的味覺和嗅覺，與生理學之間有很密切的關聯，不管在新陳代謝、情緒和社交上，都扮演著重要的角色。突然闖進一種全新的味道，而且是以強烈而神祕的神經化學訊號刺激我們的大腦和身體時，會帶來什麼樣的衝擊呢？就像過去幾個世紀以來，我們飲食中的用糖量大增一樣，辛辣口味對人類的生理和飲食趨勢也是一大考驗，不同的是，辣味帶來的影響，有可能是利多於弊。

• • •

就像綠花椰菜的苦味一樣，辣椒的辣也是植物的防禦武器。六千五百萬年前，正當恐龍步入歷史時，開花植物還只是植物界裡地位卑微的成員，為了應付氣候變遷和日益壯碩的哺乳動物，玫瑰長了刺，辣椒則使出了辣椒素。

辣椒和曼陀羅同屬以化學防禦能力著稱的茄科（*Solanaceae*）植物，兩者都會製造毒素。曼陀羅花製造的毒素會讓人出現幻覺。不過，大部分的茄科植物，像是馬鈴薯、番茄、茄子等，在經過幾千年的培育後，都不再帶有這些毒素了。但是某些植物，像是辣椒和菸草等，我們反而是用盡各種手段來提高它們的活性成分效果。我們稱這類有效成分為植物鹼，它們對我們的身體和心理都有強大的作用。除了辣椒素和尼古丁，這樣的植物鹼還包含咖啡因，以及海洛因和古柯鹼裡的活性成分。獨具風味的食物也常含有植物鹼，像是巧克力就富有苯乙胺（phenethylamine）和花生四烯乙醇胺（anandamine）等多種植物鹼成分。其中的苯乙胺是一種溫和的安非他命，花生四烯乙醇胺則是一種神經傳導物質，可以刺激大腦裡的快樂熱點（hedonic hotspots），引發快感。

是什麼原因，讓辣椒非得採取這樣強烈的手段，讓動物們避之唯恐不及呢？又為什麼有些野生辣椒不會辣呢？如果辣椒素存在的目的是驅離動物，那麼，那些不辣的不就失去保護能力了嗎？華盛頓大學的生物學家強納生・圖克斯伯里（Jonathan Tewksbury）利用生長在玻利維亞高原，有的辣、有的溫和的野生番椒（*Capsicum chacoense*）研究了這個問題。他發現有些昆蟲具有細長的吸吮器，會導致這類野生番椒遭受真菌感染，進而腐爛、無法生成種子。圖克斯伯里走遍了安第斯山谷，在山谷裡到處嘗試番椒、觀察它們的外皮是否有蟲子咬過的痕跡、檢驗是否有感染跡象。最後發現，不辣的番椒受到感染的情形，比會辣的番椒嚴重許多，顯示辣椒素確實可以驅離害蟲，甚至殺死病菌。

但這還是無法解釋為什麼有些辣椒不辣。在研究它們的分布情形時，圖克斯伯里發現了一件有趣的事。不辣的番椒製造的種子數量比較多、質地也較硬，另外它們傾向於分布在較高、較冷的地區。這除了意味著辣椒素可能可以抑制繁殖，還推論出在海拔較高的地方，因為感染真菌的機率較低，所以辣椒素的存在也不是那麼重要了。他繪製出來的地圖顯示，最辣的番椒多分布在山谷裡較溫暖的地帶。此外這份地圖也指出，過去幾萬年或幾百萬年來，辣椒從山上往低處擴展它們的版圖時，辣度是一路增加的。

對辣椒素沒有辨別能力的鳥類吃了辣椒，排出它們的種子，讓辣椒得以四處擴展。等到人類出現，辣椒的分布已經從南美洲、加勒比亞海岸，一路擴展到北美洲了。人類第一次感受到辣椒的辣，是在墨西哥的某處，想當然，這個初體驗不是太美好。不過，沒多久後情況便改觀了。

二〇〇五年，史密森尼協會的古植物學家琳達・裴里（Linda Perry），試著拼湊考古遺址發現的證據，希望找到與史前人類的味覺相關的線索，結果觀察到一個她無法解釋的發現。裴里採用的方法，和派屈克・麥高文研究早期人類飲料時的方法很類似〔2〕，都是從餐飲證據著手。許多植物會將碳水化合物以澱粉粒形式儲存。這些澱粉粒就像是植物的指紋，每一種植物製造的澱粉粒大小、形狀各有不同。有時，澱粉粒會通過人體的消化道，最後被排出來並形成化石。於是，古植物學家便開始在史前人類家中的工具和廚房用品上，尋找它們的蹤跡，連糞便化石也不放過。不同的澱粉粒化石，可以讓我們對特定時間與地點的食物、點心和飲食方式，推測得八九不離十。

在拉丁美洲搜查時，裴里發現了一種不知名的澱粉粒，它一再和玉米、馬鈴薯、樹薯等主食同時出現。這讓裴里非常不解，因為所有美洲過去的主食都已經鑑定出來了。後來她因某個巧合，對這個澱粉粒有了新認識。

「我參加了個派對，派對有一道餐點是辣椒做的開胃菜。一位先生告訴我他不能吃辣，吃了會消化不良，還非常詳細的描述狀況，」裴里說道。「總之絕對不是你在派對上想聽到的事。不管怎樣，他的故事讓我聯想到了那些不知名的澱粉粒，它們多半是沒有被消化過，但澱粉粒多來自未消化的澱粉，而辣椒是不含澱粉的。還是說，它們其實含有澱粉呢？」她找了個藉口從那場交談中脫身，回到了實驗室，很快的做了些研究後發現，辣椒其實也含有澱粉粒，而且現代辣椒所含的澱粉粒，和她當初發現的那些不知名澱粉粒，是一樣的。

突然間，我們對美洲人過去的飲食有了一番新見解。在裴里發現上述事情之前，植物學家就已經認為辣椒分布遍及美洲各地，但是它們往往在形成化石之前就腐爛了，

2〔編註〕派屈克・麥高文亦見於第四章〈味道的文化〉。

因此考古證據不多。最重要的發現，來自墨西哥中部高原的一個洞穴裡，考古學家在有八千年歷史的垃圾堆裡，發現了許多完整的辣椒化石。證據顯示，人們一開始先是採集野生辣椒，一直到六千年前才開始種植，種類包括現今的墨西哥青辣椒、安可椒（ancho）、塞拉諾辣椒（serrano）和塔巴斯科辣椒（tabasco）的前身。此外當時的人也種植了玉米、豆類、瓜類和酪梨等，現代墨西哥料理不可或缺的食材。

裴里的澱粉粒研究證實，當時的美洲人已經開始食用辣椒。它們是原住民基本而且主要的香料，是用來幫乏味的玉米泥、瓜泥或根莖類主食添增風味的聖品，受到大家愛戴的程度不輸現在。裴里發現的澱粉粒化石可以追溯到六千年前，一處距離厄瓜多爾（Ecuador）岸邊不遠的村莊。她推測，當時的人會先將辣椒切碎，接著以石頭研磨後倒進碗裡或鍋裡，和其他食物混合。大約又過了兩千年，秘魯安第斯山上，距離海平面約兩英里處的一戶人家，在儲藏櫃裡放了一種圓形的羅科多（rocoto）辣椒。一千年前，巴哈馬聖薩爾瓦多（San Salvador）農漁民，則顯然是用一種刨樹薯的工具來切辣椒的。西元一千年到一千五百年，委內瑞拉海岸的居民已經開始用辣椒和薑，為玉米、葛粉，還有叫瓜波（*guapo*）的塊莖類食物添加風味。

・・・

一四九二年，哥倫布在他的第一次遠航來到加勒比海地區，沿途拜訪了巴哈馬、古巴，接著來到伊斯帕紐拉島（Hispaniola），一路品嘗了地瓜、玉米、樹薯麵包、海螺等當地料理，他在日記上提到吃了一種長六英尺、「吃起來像雞肉」的鬣蜥。那些「印度人」拌在地瓜和玉米裡的紅色東西，引起了他的注意。繼誤以為加勒比亞海地區的居民是遠東的印度人之後，哥倫布又犯了另一個錯誤：由於這些紅色東西和黑胡椒一樣，都帶有辛辣的味道，所以他以為兩種東西是同類。事實上這兩種食物雖然味道相似，卻毫不相干。哥倫布認為出口這些辣椒可以讓他撈一筆。「這邊的胡椒味道更勝我們的胡椒，而且有益健康，這裡人吃東西完全少不了它，」他在日誌上這麼寫道，並以西印度群島泰諾人（Taino）的話 *aji* 來稱呼它。「我估計每年可以出口五十艘船的胡椒。」

但是事後證明，辣椒根本不值錢。可以賺大錢的，只有那些在南太平洋以外地區難以栽種的丁香和肉桂，還有需要有磨坊和提煉廠才能生產的糖。至於辣椒，只要你有種子，而且氣候不是太寒冷，就可以自己種植。它們開始一手經過一手到處傳播，成了窮人的香料。最後，不管以人類的演化史或是烹飪的歷史來看，都不過是一眨眼的工夫，這把辣椒之火就在幾十年內，蔓延到了地球的另一端。

哥倫布所乘的平塔號（*Pinta*），極可能是第一艘將辣椒帶到歐洲的船隻。一四九三年三月一日，它回到了西班牙，停靠在巴約納港（Bayona）。有關這個新香料的消息立刻傳開來了。六個月後，一位在西班牙宮廷任職的義大利傑出歷史學家皮特・馬特・德安吉拉（Pietro Martire d'Anghiera），記錄到哥倫布發現一種新的胡椒，而且「比起來自高加索山（Caucasus）的胡椒還嗆」。

南歐沿岸修道院的修士於是開始收集種子，進行試驗，種出了各種椒，有的辣、有的不辣。匈牙利牙人甚至把紅椒（paprika）當成是國家代表性的調味料。一五四三年，德國醫學教授萊昂哈特・福克斯（Leonhard Fuchs）將辣椒列入了藥草指南，並做了精緻的版畫（但他誤以為辣椒來自印度，因此將它以印度南部大城卡利科特為名，就叫卡利科特辣椒）。葡萄牙的船員也開始用辣椒來調味，並把它們帶到了世界各地的港口。一四九八年，辣椒經由西非抵達剛果。澳門、中國內陸的四川也都出現了它的蹤跡。一五四二年，中國已經培育出三種辣椒。以往用黑胡椒調味的咖哩，也改成以辣椒的辛辣著稱。一位當時的印度作曲家潘然達拉・達薩（Purandara Dasa）還寫了一首歌獻給紅辣椒，取名為〈窮人的救星〉（savior of the poor）：「我看這你由綠轉紅，愈是成熟，愈是美麗。菜餚也因為你而美味，但是太多的你，讓人承受不起。」

在南亞，辣椒經由暹羅去到了緬甸、菲律賓等地；歐洲人在十六世紀來到太平洋群島時，當地就已經有人種植辣椒了。很快的，辣椒如火如荼的傳播開了：十六世紀末，非洲人開始被抓來當奴隸，也把辣椒口味的食物再次帶回美洲。

四百年後，辣椒已經在世界各地隨處可見，四千多種辣椒出現在無數道菜餚裡，從墨西哥的莫里醬（*moles*）到泰式咖哩，都少不了它。〔3〕在最常見的調味料排行榜上，辣椒排名第二，僅次於鹽巴，用量是排名第三的黑胡椒的五倍。二十一世紀，一場辣椒復興活動興起，讓它的魅力更上一層樓。

幾十年前，西方人常吃的辣椒中，最辣的是蘇格蘭圓帽辣椒（Scotch bonnet）和哈巴內羅辣椒，辣度分別是二十萬和三十萬史高維爾辣度單位。鬼辣椒的辣度是西方人的味蕾無法承受的，但是到後來大家的味覺也改變了。如今即使口味再怎麼清爽的沙拉吧，也看得到墨西哥青辣椒和香蕉辣椒（banana pepper）。電視實境秀裡，大夥兒跟著主持人雲遊四海，同時也把握機會嘗試各種勁辣菜餚。和五十年前相比，世界人口只成長了

3〔編註〕莫里醬是以多種核果、巧克力、辣椒和蘑菇等煮成的蘸醬。

二・二倍，但是世界辣椒貿易總值卻成長了二十五倍。一九八〇年的調查指出，美國每個人每年平均吃了三磅重的辣椒。這個數字現在翻了不止兩倍，還持續上升中。

這場以辣為名的競賽可說是這波潮流的先鋒。這個對辣椒窮追不捨的團體，性質上有點像鑑賞葡萄酒的團體，又或是《星際爭霸戰》（*Star Trek*）的粉絲團一樣。他們熱衷於交換種子、研究品種純度，並執著於史高維爾辣度單位。圈子裡的成員多半是男性；有研究指出，男性比女性更嗜辣，好像能吃辣這檔事，也是男性的一種象徵。「首先，你得了解這群人的腦袋在想什麼，」住在聖地牙哥郊區的辣椒農夫吉米・達非（Jim Duffy）說道。「就好比有人喜歡去逛舊貨攤、買些小玩意兒一樣，那是一股非得滿足不可的欲望。這些人在他們的後院裡種滿了辣椒，當他們的老婆抱怨：『種這麼多辣椒幹麼？那小黃瓜要種哪兒？』他們會說：『啊，我都忘了。』他們上我的網站，看到那些漂亮的辣椒照片時，彷彿看到運動雜誌上的泳裝特輯，眼睛都亮了。」

我們已知的辣椒有三十種，全都屬於辣椒屬（*Capsicum*，這個字是由希臘文的 *kapto* 演變而來，原意是「辛辣」）。其中有五種是人類種植的，由它們又衍生出許多不同辣度的辣椒品種。我們平常吃的甜椒、青椒雖然不辣，但也都是辣椒；除了美國北卡羅萊納的死神辣椒，中華辣椒還包括哈巴內羅辣椒和鬼辣椒。柯里在二〇〇〇年代開始投入辣椒培育工作，他首先收集了來自世界各地的辣椒種子。一開始，他的包裹、溫室，還有從他的廚房傳出的味道，都引來了鄰居們異樣的眼光，甚至還有人打電話報警。

柯里順利培育出了兩百多個品種的辣椒，每一種的辣度都超過二十萬史高維爾辣度單位，大約和哈巴內羅同等級。除了辣度之外，他也很重視辣椒的其他氣味。他的目標是開創辣椒醬事業，希望利用辣椒特有的香氣，來提出食物原有的味道。他認真做筆記，記下了辣椒的甜度、巧克力味、肉桂味和柑橘味等。他的溫室裡五彩繽紛，有黃色、橘色、白色、紫色等各色辣椒，我們的老祖宗當初在叢林裡發現果實時，心情大概也是這麼振奮的吧。起初，他的生意不是很好，但是在朋友的協助下日益成長。有一家會計師事務所，以一箱辣椒醬的代價為他報稅；一位鄰居騰出了後院，讓他蓋溫室；還有一個朋友借給他一塊沒在耕種的農地，讓他有更多的種植空間。

業績成長的同時，柯里繼續培育超辣辣椒。經過艱辛的努力後，北卡羅萊納死神辣椒終於讓他拿下了「世界冠軍」。

培育出一種獨特的辣椒通常得花上八年，這當中，這些植物必須小心的隔離起來，以避免交叉授粉。除此之外，還必須在不斷雜交的過程中，保留特定性狀，好讓這些基因可以一代又一代的傳下去。許多嘗試種辣椒的人遇到的問題，都是無法培育出品質一致的辣椒，最後便放棄了。柯里表示，他有辦法將培育過程縮短為三年，而且種出來的辣椒辣度可以維持在一定程度以上。

在某間大學實驗室裡，研究人員將辣椒冷凍乾燥、磨成粉，然後溶在酒精裡，讓酒精變成紅色、黃色或焦糖色的澄清溶液。接著，利用氣相層析儀將它們變成氣體，並測量它們的辣椒素含量，再轉換為史高維爾辣度單位。北卡羅來納死神辣椒的辣度高達一五六九七〇〇史高維爾辣度單位。

那之後，柯里還培育出了幾個辣度更高的品種，不過金氏世界紀錄那邊的速度不是這麼快。「我們已經和金氏世界紀錄往來三年了，就算得再等三年也無所謂，」他說道。「我種的辣椒永遠經得起考驗，不會是那種雖然在世界紀錄上留名，但也就只有一次那麼辣的辣椒。」

金氏世界紀錄沒完沒了的爭議問題，讓新墨西哥州州立大學「辣椒研究中心」（Chili Pepper Institute）的科學家決定態度更謹慎。在一份二〇一一年的研究中，他們對多種超辣辣椒進行試驗，不過裡頭沒有包括柯里的辣椒。研究人員控制這些植物的生長，最後計算出每一種辣椒的平均辣度。獲勝的是屬於中華辣椒的千里達莫魯加毒蠍椒（Moruga Scorpion），辣度是一百二十萬個史高維爾辣度單位。

• • •

在當地的一家餐廳裡，柯里打開一個塑膠夾鏈袋，倒出了一堆他從溫室裡摘下的辣椒，其中有死神辣椒、鬼辣椒，還有一種紅橘色和鮮黃色相摻的莫魯加毒蛇（Moruga Viper）。他拿起一把牛排刀，小心翼翼的將它們切成細絲，接著大家開始傳遞起盤子。不管是哪一種超辣辣椒，味道不是單單只用辣決定而已，還取決於它的品種、辣椒素的含量、相關的辣椒鹼等。辣椒的辣有三個主要特徵。第一個是延宕時間：從剛咬下去、打破細胞壁，到釋放出辣椒素、感覺到辣之間的滯待時間。這個時間的長短因辣椒品種而異，像哈巴內羅的滯待時間就很長，有十五到二十秒。第二個特徵是它的消散情形。泰國料理用的辣通常散得很快，但是有些辣味，像是鬼辣椒的辣就會多停留一會兒。最後，每一種辣都會帶給人獨特感受。亞洲辣椒的辣屬於刺熱型，而美國西南部的辣椒則沒那麼刺激，但範圍較廣。

我帶十多歲的兒子馬修去嘗試北卡羅來納死神辣椒。他從小就對辣味情有獨鍾，兩歲時，吃玉米片就喜歡沾辣莎莎醬。隨著年紀增長，他對辣味的追求更顯積極，到餐廳裡吃飯一定要點最辣，他可以一邊流淚，一邊讚賞哈巴內羅的美味。感覺他就是偏好這樣的重擊，喜歡遊走在極限邊緣尋找美味，在辣味滲透到五臟六腑之刻，義無反顧的將其他事物拋諸腦後。嘗試超辣辣椒是一項大挑戰，是件有如攀登聖母峰般的壯舉。

他將一絲辣椒放到舌頭上，手忍不住在嘴邊搧風。他站了起來，呼吸非常急促，立刻吃了些塗了奶油的麵包；辣椒素可以溶在乳脂裡，所以牛奶和奶油都可以用來解辣。接著，他又將一片麵包沾滿沙拉醬，放進嘴裡嚼了一會兒，希望用濃郁的沙拉醬來沖淡那強烈的灼熱感。我也把一絲大小只有幾平方毫米的死神辣椒放在舌上。我先嘗到的是檸檬和巧克力的味道，大約十五秒後，它的灼熱感開始在我的嘴裡擴散開來，直到令人無法承受，就像一股浪潮般襲捲我的身體。我全身無力的坐在椅子上，周圍的聲音也逐漸退去。我流著鼻水，還打起嗝來。

這時，柯里拿起一整顆辣椒，咬了一半後，若無其事的嚼著。他喝了一點冰水（理論上對緩和辣椒的辣幫助不大）。他的眼眶稍微溼了，但就只有那麼一下子。「我全身的細胞都感受到它了，」他向我們描述。「真是令人愉悅的享受。」接著，他把剩下那半顆辣椒也放進嘴裡。我們這些門外漢眼睜睜的看著他，嘴裡的辣還沒有散去，心裡早已佩服得五體投地。

•
•
•

辣椒的辣其實是一種痛覺，卻會帶給人來快感；它的口感是熱的，但沒有牽扯到溫度提高。為了了解這種反應背後的生理現象，新加坡國立大學的生物學家李（T. S. Lee）在一九五三年做了一項實驗。他找來四十六名年輕人吃辣椒，然後記錄他們流汗的情形。流汗是熱所引起的一種生理反應。不管是因為周圍環境的溫度高，或是因為運動而導致體溫上升，都會刺激我們的下視丘，並透過一系列大腦與身體間的回饋作用，啟動汗腺。汗水自皮膚蒸散時會降低體溫；一旦溫度降回正常範圍，這個作用就會停止。

李請受試者只穿著棉長褲，接著用一種含碘液體塗抹他們的臉部、耳朵、頸部和上半身，並在他們身上撒了玉米粉，這麼一來受試者一旦流汗，汗水就會變成藍色。李讓受測者吃的，是一般亞洲料理中常見的辣椒，辣度大約是墨西哥青辣椒的十到二十倍。為了比較，李同時以蔗糖水、奎寧、醋酸、明礬（一種止血劑）、黑胡椒粉、芥末醬和熱燕麥粥進行對照。另外，還有些人被要求以熱水漱口、嚼橡皮或以餵食管餵食。

某次實驗中，受試者在吃了五分鐘的辣椒後，臉開始變紅，接著開始流汗。他們的鼻子、嘴巴，接著是他們的臉頰慢慢變成藍色了。另一次實驗，七名受試者在吃了一顆接一顆的辣椒後，有五個人持續流汗，另兩位更是汗如雨下。在控制組實驗中流汗的，只有吃了醋酸和黑胡椒的受試者。

吃辣椒不會使人的體溫增高，並不需要流汗來散熱，但是在李的實驗中，那些受試者確實汗水淋漓，彷彿在大熱天裡跑了一英里路似的。為了證實我們的身體對辣椒的熱，和對溫度的熱的反應是一樣的，李要某些受試者將他們的腳放進熱水裡。隨著他們的體溫上升，這些人臉上流汗的情形，和吃辣椒時一模一樣。

李先前就推論過，辣椒產生的灼熱感不屬於味覺，因為我們的嘴唇並沒有味覺受體，卻也感受得到辣椒的熱。他認為，我們還有另一種系統，可以辨別因為灼熱而引起的不適。不過，它和那種碰到滾燙熱水的感覺又不一樣，辣椒的灼熱感雖然是一種痛覺，卻和那種會讓人立刻把手伸回的痛覺不一樣。吃了死神辣椒後，灼熱感在幾分鐘內逐漸加劇，直到讓人承受不住。慢慢的，這股灼熱會褪去，留下痲痹的雙唇。辣椒素先是造成痛覺，但接著又阻斷了痛覺。

辣椒被用來做為止痛藥已經長達幾個世紀，年代可以追溯到哥倫布之前。一五五二年，治療師馬汀．克魯茲（Martin de la Cruz）和教師胡安．巴迪阿諾（Juan Badiano）這兩名墨西哥原住民，合作寫了一本阿茲特克草藥書《巴迪阿諾寶典》（*Badiano Codex*）。書中大力推崇辣椒的麻醉性質，例如利用辣椒來舒緩牙齦疼痛，作法是將各種辣椒植物的根和辣椒醬一起煮過，接著用棉布包起來，放在疼痛的部位。美洲的原住民會將辣椒塗抹在生殖器上，降低它的敏感度，好讓性交時的快感可以持久一點，早期來到這兒的西班牙移民也跟著這麼做了，這讓同行那些持身謹慎的神父們相當傷腦筋。十九世紀時，也有中國太監在去勢之前，以辣椒萃取物做為麻醉劑的例子。

一個世紀前，化學家韋伯．史高維爾就是為了研究辣椒的止痛性質，才開始鑽研辣椒的，最後他發展出以自己的姓氏命名的辣度單位。當時他在位於底特律城外，世界首屈一指的派德藥廠（Parke-Davis Company）工作。除了派德藥廠，還有許多藥廠也都在找尋辣椒素、古柯鹼等植物鹼的新用途。（派德藥廠曾經付給心理學家佛洛伊德二十四美金，請他評鑑古柯鹼產品，其中有藥粉和藥水，希望可以和相對大廠的德國默克藥廠〔Merck〕製作出來的較勁。他發現在味道上只有一點點不同，並寫道：「這個白色藥粉很漂亮（價格又便宜）。」）

派德藥廠生產的外用止痛藥希特油（Heet Liniment），裡頭的有效成分就是辣椒素。由於辣椒素的含量太高會帶來不適的灼熱感，太少則沒有效果，因此為了讓藥品裡的有效成分含量在一定的範圍內，他們將「測量不同辣椒的相對辣度，以及所含的辣椒素濃度」這個任務，交給了史高維爾。辣椒素是在一八四六年，由約翰・克洛夫・妥瑞胥（John Clough Thresh）分離出來並命名的，他當時注意到，辣椒素的化學構造和香草十分相像，但沒想到，味道如此刺激的辣椒素和味道如此溫和的香草，竟有親戚關係。一九一二年時，還沒有簡單的化學試驗可以檢測辣椒素，唯一的方法就是用吃的。史高維爾將乾燥後的辣椒磨碎，然後把它配製成不同濃度的萃取液。他成立了一支由五位實驗室同仁組成的團隊，請他們嘗試這些辣椒溶液。只要他們覺得會辣，他就將樣本稀釋，一直到大家不再感覺辣為止。需要稀釋的次數愈多，就代表這種辣椒愈辣。

將一種的主觀感覺量化，是史高維爾最偉大的成就。他稱這個方法為史高維爾感官測試（Scoville Organoleptic Test），測量的單位就叫史高維爾辣度單位。一百萬個史高維爾辣度單位代表：將該辣椒萃取物以糖水稀釋為一百萬倍之後，就嘗不出辣味了。但是這個方法不是完全絕對的，就像其他味覺一樣，每個人對辣的敏感度都不一樣。現在的作法已經改為：先用色譜儀來測量辣椒素的絕對濃度，再轉換成史高維爾辣度單位。

派德藥廠始終仍未能利用辣椒素，做出任何有效或是賺錢的商品。市面上還是可以買到希特油，裡頭也含有辣椒素，不過它的主要有效成分，其實是冬青樹（wintergreen）提煉出來的柳酸甲酯（methyl salicylate）。在《巴迪阿諾寶典》發表的五個世紀後、史高維爾辣度單位誕生的一個世紀後，仍有藥廠在研發怎麼運用辣椒素，有做成貼布的，有注射的等等，但至今仍然沒有成功的案例。改變人體的熱感應系統是件頗為危險的事；有動物在使用了這些止痛劑之後，身體整個呈現過熱的狀態，高燒不退。

不管是史高維爾時期那些研究辣椒素作用的藥廠、生物學家，或是當時探討味覺的專家，都遇到了同樣的難題。他們都清楚辣椒素、身體和大腦之間，有某種神祕的生物關聯，但是就是搞不懂它的作用機制。

幾十年後，我們在樹脂大戟（resin spurge）分泌的乳白色汁液裡找到了答案。這是一種生長在摩洛哥阿特拉斯山脈（Atlas Mountains），模樣有點像仙人掌的植物。摩洛哥人會將這種植物切開，讓裡頭的汁液流出來、乾燥，最後形成的樹脂是已知最強效的化學刺激物，收集起來後可以賣錢的。它的有效成分叫樹膠脂毒素（resiniferatoxin），簡稱RTX，是一種超級辣椒素（supercapsaicin）。純化辣椒素的辣度，約有一千六百萬個史高維爾辣度單位，但是RTX的辣度則有一百六十億個史高維爾辣度單位，相當於一千倍。接觸到樹脂大戟的汁液會嚴重灼傷，吞下一滴就足以致命。不過，稀釋過後的RTX卻具有醫療功用。西元一世紀，娶了東羅馬帝國統治者馬克·安東尼（Marc Antony）和埃及豔后克麗奧佩托拉（Cleopatra）所生女兒的北非國王朱巴（Juba），患有很嚴重的便祕，後來他的希臘御醫歐佛爾巴斯（Euphorbus）將某種樹汁液乾燥後搗碎，泡在水裡給他喝，問題就大大改善了，朱巴國王於是依據歐佛爾巴斯的名字，將這種植物改名為歐佛爾比亞（*Euphorbia*），這種植物就是樹脂大戟（學名 *Euphorbia resinifera*）。現在，我們也拿這種樹脂拿來治療鼻塞、蛇咬和中毒等。

一九八〇年代，研究辣椒灼熱感的科學家注意到了RTX。它的效力遠遠強過辣椒素，只需要一點點就能使組織產生強烈的反應。研究的腳步加快了。科學家們發現，RTX可以讓大腦和身體誤以為周圍環境比起硫磺還要燙，在那之後，又很快的讓身體失去感覺熱的能力，甚至無法感覺到任何的溫度變化。RTX會讓大鼠出現體溫過低的現象。這種情形和外用麻醉劑不一樣，外用麻醉劑影響的是所有知覺，但是受到RTX影響的，只有溫度知覺。這些大鼠的觸覺等並沒有受影響，牠們仍然會感覺到捏壓、電擊等。實驗中，科學家採用了具有輻射性的RTX進行追蹤，發現注射到細胞內的RTX分子，會自動連接上一個我們先前就知道的受體：熱覺受體（a heat receptor）。

李在四十年前做的那個吃辣會流汗的實驗，獲得證實。不管是RTX或是辣椒素，都會和身體的熱覺和痛覺受體結合。這兩類受體都是偵測嚴重威脅的受體，接收的信息包括冷、熱、灼燒、吹、切割、捏壓和電擊等。少了這些受體，人類的壽命將大幅減短。

位於我們的口、皮膚、眼睛、耳朵和鼻子的神經細胞表面，都有辣椒素的受體。當它們接觸到任何溫度高於華氏一〇八度的東西時〔4〕，訊息就會從「太燙」變成「灼燒」，這時受體的形狀會改變，導致細胞出現孔洞。我們身體裡的液體是一種鹽水溶液，內含帶電的正離子和負離子，這些離子可以藉由擴散進出細胞。辣椒素造成的這個孔洞，大約有一到兩個原子的寬度，而且只有帶正電的鈣離子能夠通過。這樣的電位改變會刺激神經細胞，並將訊息傳送到大腦。整個過程歷時只有幾毫秒（millisecond，千分之一秒），比起味覺受體的傳導途徑所需的時間，要短得多。就是這樣，才會當我們摸到滾燙的鍋子時，大腦都還沒有反應過來，手就立刻縮回來了。

辣椒會矇騙這個系統。吃了辣椒後，辣椒素會接上這些受體。這麼做會降低嘴巴對熱感覺的臨界值，有點像是鹽巴會降低冰塊的熔點一樣。突然間，華氏九八・六度感覺起來就像華氏一五〇度一樣。這就是為什麼吃了辣椒後，會有灼熱感。這樣的熱警覺會經由三叉神經傳到大腦。三叉神經是大腦主要的神經傳導途徑，主要掌管來自臉部、鼻和口，以及眼睛的訊息。由熱覺和觸覺受體感應，並由三叉神經傳導的「味覺」包含

4〔編註〕華氏一〇八度約為攝氏四十二度。

了：芥末帶來的辛辣感、較為緩和的檸檬草，以及四川辣椒的熱刺感（四川辣椒和辣椒或黑胡椒沒有關聯），辣椒帶來的灼熱感則是最強烈的一個。有些口紅裡會加入四川辣椒的成分，它可以引起嘴唇的發炎反應，讓嘴唇看起來比較俏，也比較敏感。

痛覺其實是味覺中很獨特的一個部分，擁有與眾不同的特性。我們的全身各處都有熱覺受體，這大大提高了超級辣椒的危險性。正常來講，東西好不好吃只有舌頭感覺得到，但是辣椒素帶來的刺激遍及全身，就像柯里吃了辣椒後的反應一樣。他倒了一瓶膚色的印度鬼辣椒醬（將磨碎的辣椒和醋以六比一的比例混合），加入其他香料後，放到瓦斯爐上煮。蒸氣裡的辣椒素會刺激我們的眼睛，接著抵達鼻腔，讓人吃了不停咳嗽、打噴嚏十分鐘。柯里的神經系統已經習慣這樣的刺激，所以有免疫力了。

紅辣椒（cayenne chili）做的噴霧劑就是根據這原理。警察使用的辣椒噴霧，辣度高達五百萬個史高維爾辣度單位，足以導致暫時性失明、呼吸窘迫、完全失能，少數情況下甚至可以造成死亡。印度是這個領域的佼佼者。他們曾經試過用鬼辣椒來做手榴彈，也曾經在食物中添加辣椒成分，來幫助在喜馬拉雅山上的士兵取暖。阿薩姆地區的環境保護局更從當地農夫學來一招，以浸泡過鬼辣椒油的繩索來設立圍牆，防止大象入侵。大象的皮膚非常厚，即使是用通了電的圍欄都擋不住牠們，但是面對鬼辣椒，牠們也只能退避三舍。

辣椒素對身體內部的構造也會造成影響。我們身體的其他部位，包括大腦、膀胱、尿道、鼻黏膜和大腸等，也都有味覺、熱覺和觸覺的受體。至於它們的功能是什麼仍有待釐清，但顯然不是為了調節溫度而已；有些受體在特定情況下，可以協助新陳代謝運作。它們也可能是導致身體健康出現嚴重問題的原因。

二〇一四年，由加州柏克萊大學研究人員安德魯・迪林（Andrew Dillin）領導的團隊做了一個實驗。首先，他們藉由基因工程培育出缺乏辣椒素受體的小鼠，可想而知，這些小鼠的熱反應會出現缺失。但是，牠們的壽命比起正常小鼠多了四個月（相當於百分之十四），而且新陳代謝上也有年輕化的趨勢。迪林發現，正常小鼠老化時，牠們的辣椒素受體會開始出現功能異常，部分小鼠的胰臟會釋放出一種蛋白質，導致牠們血糖濃度過高。這是一種老化時常見的病灶，也是糖尿病的前兆。

當然，人類沒有辦法藉著除去身上的辣椒素受體，來讓自己活得久一點，所以多吃點辣椒來痲痹它們，或許比較可行。吃辣的東西時，會出現麻麻的感覺，這是因為受體受到的刺激太大了，導致神經細胞停止作用。大部分的神經細胞事後都會恢復功能，但是有些細胞會因而死去。名廚茱莉亞・查爾德曾說〔5〕，吃多了太辣的食物會破壞味蕾，這個說法不完全正確，但確實有那麼一點道理。利用這種方法來讓異常的受體失去作用，或許可以讓我們像實驗中的小鼠一樣，活久一點。

不少研究指出，多吃含有辣椒素的食物對健康有一定的益處，它可以提高新陳代謝的速率，有助燃燒熱量。缺少辣椒素受體的小鼠也因為新陳代謝活躍，所以體脂肪比較低（自從飲食中加入超級辣椒後，柯里已經掉了一百八十磅，而且還幫他把酒戒掉了）。

至於另一個謎團：為什麼有人會對辣椒帶來的刺激情有獨鍾，目前尚未有健康上的益處可以解釋它。我們也喜歡某些帶有苦味的食物，但都是適可而止。你不會聽說有人在比「誰泡出來的咖啡比較苦」。辣椒帶來的感受，和物理上的熱是相近的。自從一百萬年，甚至更早以前，人類發明了火之後，我們的飲食就多了「熱食」這項選擇，也逐漸愛上了它。另一方面，我們對辣味的感覺也和冰冷很類似。冰冷也不是特別宜人的感受，但我們偏偏喜歡喝冷飲、吃冰淇淋，或許是因為我們會把它和解渴聯想在一塊。不過，這些還是沒有辦法解釋：為什麼辣椒發展出辣來讓大家不敢靠近它，而我們卻義無反顧的愛上它了。

保羅．羅琴（Paul Rozin）在一九七〇年代開始對這個問題感到興趣，並和他的太太著手寫了《風味的烹飪原則》（*The Flavor-Principle Cookbook*）。他們認為，有些風味獨特的民族美食稍微修改後，也可以成為家中的佳餚。他首先探究了為什麼有些民族喜歡特辣的食物，有些民族卻不大吃辣。為此，他前去墨西哥南部高原上的瓦哈卡村（Oaxaca），並且把焦點放在人與動物之間的差別。

當地的薩波特克人（Zapotec）非常嗜辣，他們在料理中用了大量的辣椒；羅琴對於他們養的豬和狗會不會也因而喜歡吃辣，感到很好奇。「我問了當地的人，他們飼養的動物是不是也喜歡吃辣，」羅琴說道，「他們認為這個問題很可笑，回我：『哪有動物會喜歡辣椒！』」為了證實這個觀察是否正確，他讓動物們在不辣的餅乾和摻了辣椒醬的餅乾間做選擇。結果，這些動物雖然兩種餅乾都吃了，但是顯然對辣餅乾比較不熱衷，總是先吃不辣的。

接著，羅琴想看看可不可能培養出喜歡吃辣的大鼠。如果他能夠讓這些大鼠優先選擇辣餅乾，那就表示料理中之所以出現辣味，很可能是適應的結果；包括人類在內的動物之所以喜歡辣椒，有可能是因為辣椒的營養價值，以及它對生存的重要性，戰勝了它稱不上好吃的味道。慢慢的，人們有可能對它的味道愈來愈不敏感，就像玻利維亞的艾馬拉人（Aymara）習慣了他們帶有苦味的馬鈴薯一樣。

5〔編註〕茱莉亞．查爾德亦見於第三章〈苦味基因〉。

這些大鼠一出生，羅琴就將牠們分成兩組，其中一組一開始就餵食加了辣椒的食物；另一組則是逐漸在牠們的飲食中加入辣椒。但是最後兩組大鼠都還是偏好不辣的食物。在另一個實驗中，他在大鼠的食物中，加了一種會讓牠們吃了覺得噁心的東西，但這些大鼠依舊優先選擇這樣的食物，而不是辣的食物。最後，他在部分大鼠誘發出維生素B缺乏的情形，使得牠們的心臟、肺部和肌肉都出現問題，接著再以辣的食物餵食牠們，讓牠們恢復健康。這麼做的結果，讓這些大鼠雖然仍然不喜歡辣的食物，卻也不那麼排斥了。總結來說，羅琴只成功改變了一隻大鼠的喜好。只有對辣椒素失去知覺的大鼠，才能不再對辣椒感到厭惡。在那之後，羅琴真正成功訓練出了喜歡吃辣的動物，那是一對愛吃辣味餅乾的黑猩猩。

羅琴認為，或許是人性中某種文化或是心理層面的因素，讓我們愛上了辣椒的灼熱感。這個原因和生存沒有關係，是人類自己甘心樂意翻轉這個喜惡的。薩波特克人也不是一開始就喜歡吃辣，但是差不多在四歲到六歲之間，就會養成這個偏好。

不久後，羅琴找來一組平常不太吃辣的美國人，和一組來自墨西哥村落、愛吃辣的人進行比較。他給他們吃不同的辣椒和不同辣度調味的玉米點心，請他們評估什麼程度的辣是最適合的，又什麼程度的辣是讓人無法承受的。不出所料，墨西哥人果然比美國人能吃辣。但是有一件事是兩組人都一樣的：從「剛剛好」到「無法承受」之間，就只有一線之差。「大家最喜歡的辣，都只比無法承受的辣程度緩和一點，」羅琴說道。「看來，大家都在挑戰自己的極限，這是個很有趣的現象。」

辣椒文化是一種對極限的挑戰。柯里認為，迷上辣椒幫助他克服了許多自己的弱點。他將生活重心放在這種簡單而強烈的知覺上，也因此成功了。二〇一三年的金氏世界紀錄，將柯里的「卡羅萊納死神辣椒」列為世界第一辣的辣椒。但是「成功」是指在競爭中持續保持領先；這場競賽，將辣椒的辣度不斷往上推至前所未有的勁辣境界，甚至有辣椒的辣度已經超過兩百萬個史高維辣度單位。但是他還可以走多遠呢？又有多少人會追隨他的腳步呢？

愉悅與厭惡之間往往只有一線之隔；在人體解剖學與行為學上都是如此。在我們的大腦中，這兩者密切的重疊，它們都是由腦幹的神經來決定的，也就是說，它們很可能是從原始的反射發展而來的。兩者都牽扯到了大腦中，與決定動機有關的多巴胺神經細胞。從解剖學可以看出這兩個系統關係密切：在幾個大腦結構中，反應痛覺和反應歡愉的神經細胞位置都很接近，這麼一來，可以形成一種程度上的變化。很多時候，這種情形都是出現在連接基本反射和意識的快樂熱點。

在行為上，歡愉與厭惡也是處於平行的地位。兩者都是天擇的結果；也都與維護立即的生存，以及引發學習動機有關。痛覺告訴我們要停止、要離開、要避免。歡愉則像綠燈一樣，告訴我們可以繼續、下次再來。一點點歡愉感受可以減緩疼痛，一點點疼痛會降低歡愉的程度；長期疼痛會使人抑鬱，無法享受歡愉。人類一再為了要得到更好的報酬而忍受痛苦，生孩子就是一個例子。相反的，歡愉也可能付出代價，像是宿醉，或是長期吸食毒品會讓人覺得生命了無意義而沮喪。

羅琴認為，大家對辣又愛又恨，就是這兩個系統共同作用的結果。追求極辣的人，喜歡這種沒有風險的危險與疼痛，還有那緊接而來的解脫。「就像有人喜歡坐雲霄飛車、高空跳傘或是看恐怖電影一樣，熱衷於那種恐懼和刺激，」他寫道。「有的人喜歡跟著悲傷的電影流淚，有的人享受踩進熱水浴時那一剎那的刺痛，或跳進冷水時的震撼。這樣的『良性自虐』和愛吃辣一樣，都是人類特有的行為。」吃辣椒是一種名副其實的自虐，一種被文明保護下的我們可以追求的一絲危險。

羅琴的理論認為，味覺帶有一種令人料想不到的情緒元素：解脫。牛津大學的希里．雷克尼斯（Siri Leknes）研究了歡愉和解脫之間的關係，並對這兩者會不會其實是一體兩面的東西進行探討。雷克尼斯找來十八位自願者，請他們做兩件事，一件是愉快的，另一件是不愉快的，並掃描他們的大腦。

首先，羅琴要他們想像一些令自己感到愉悅的事，像是享用最喜歡的食物、喝一杯最喜歡的咖啡或茶、聞到海風的味道、新鮮出爐的麵包香味、洗個溫暖的熱水澡、笑臉等。接著，他給他們一個疼痛即將發生的視覺警訊，他們的左手臂上連有一個會發熱的儀器，在釋出疼痛警訊後，這個儀器會製造五秒鐘、華氏一二〇度的熱：足以造成疼痛，但是不至於燙傷。

電腦掃描的結果顯示，在知覺和判斷形成的額葉皮質處，以及快樂熱點附近，解脫和歡愉引起的反應是糾纏重疊在一起的。就像情緒一樣，它們的強度受到多種因素影響，其中包括對生命的態度。和樂觀的受測者相比，悲觀的受測者得到比較大的解脫，或許是他們比較不指望痛苦會結束的緣故。

柯里的網站上放大家吃了死神辣椒後的影片，這些人真是自討苦吃。有一個人在試了一口後，眼睛瞪得大大的，接著椅子往後仰，整個人跌到地上。還有一個人全身冒汗，看起來非常恐懼，但還是努力把它吃掉了。看著這些影片，我和我兒子突然明白了。不管吃辣椒的當時是什麼感受，它真正的樂趣來自後繼的滿足感，那種受盡折磨後，活了下來的解脫感。

第八章
味覺大轟炸

食物好不好吃，與歡愉的感受有很密切的關聯。這種歡愉的感受通常在最初那幾口最為高張，但是愈吃就會愈感乏味。這就是為什麼我們永遠吃得下甜點。主菜通常不是甜的，所以即使我們已經吃飽了，還是不會排斥再吃點甜點。

第二次世界大戰期間，由於大量物資都送往了戰場，所以愛爾蘭人民只好靠著僅能餬口的糧食制度維生。家庭主婦們拿著糧票券排隊領取茶、糖、奶油、麵粉和麵包等基本物資，因為缺乏各種食材，烹飪出來的食物索然無味。此外，瓦斯每天只供應幾個小時，瓦斯公司甚至派被暱稱為「微光男人」的工作人員，挨家挨戶去檢查大家有沒有把母火關掉。但是三十歲的企業家喬・墨菲（Joe Murphy）卻把這樣的低潮視為絕佳的機會。

由於德國潛艇在大西洋巡邏，無法從事進口。這讓愛爾蘭人渴望吃到新鮮的水果，更何況水果是維生素C、維生素D等營養素的重要來源。在英國，大家靠著喝利賓納（Ribena）來解決這個問題，這是以黑醋栗糖漿做成的飲料。英國政府在大戰初期就強制種植黑醋栗，並分發利賓納給孩童做為營養補充劑。墨菲取得了愛爾蘭的供應資格，而且總是銷售一空。

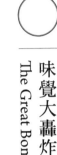

戰爭結束後，肉類、奶油和乳酪等基本物資的供應恢復了，嬰兒潮誕生的孩子們也有零食可以吃了，飲料架上，利賓納的旁邊出現了各種汽水，墨菲也在一九五四年創立洋芋片事業。馬鈴薯是愛爾蘭的主食，除了是做燉菜、牧羊人派等的主要材料，他們也用來做煎餅（boxty），或是加上青蔥和牛奶等做成的青蔥薯泥。然而在一九五〇年代，愛爾蘭人吃的洋芋片還是從英國進口的。墨菲投入五百英鎊的資本，從兩間房間、兩台油炸機、一個風扇，和八個員工做起。他把這個公司取名為「特多」（Tayto），這是他牙牙學語的兒子喬瑟夫說的馬鈴薯。

洋芋片的生意還不錯，但是墨菲沒有因而滿足。戰爭期間，他遇到的挑戰是要掌握產品貨源，以滿足需求，但是現在面對的問題卻是供應過剩。市場被大品牌廠商割據，偏偏自己賣的又是和他們相同的產品，這讓他的生意一直無法更上一層樓。墨菲不滿於他所謂「索然無味」的原味洋芋片，決定對洋芋片的口味放手一搏。他將剛炸好的洋芋片撒上起司粉、洋蔥粉，賣起有味道的洋芋片來了。一天，兩種調味料都有剩，於是墨菲的生意夥伴西蒙斯．伯克（Seamus Burke）在桌子旁坐下來，將它們混在一起，做出第三種口味的洋芋片。最早的風味洋芋片就是這麼誕生的。

一九五〇年代，美國的洋芋片製造商同樣遇到了洋芋片太過平淡無味的難題，而且問題的規模更大。有鑒於墨菲的起司洋蔥口味洋芋片廣受歡迎、生意蒸蒸日上，美國的洋芋片公司決定挪用這個點子，開始研發他們自己的洋芋片口味。一九五八年，賓州蘭拉斯特（Lancaster）的賀氏洋芋片公司（Herr's Potato Chips）推出了ＢＢＱ口味的洋芋片，當時的樂氏洋芋片（H. W. Lay & Company）也在大約同期推出了相同的產品。各大廠商紛紛跟進，酸奶油洋蔥口味就是美國版的起司洋蔥口味。

加了香料的洋芋片是現代社會相當早的垃圾食物。隨著各家廠商不斷嘗試新的調味料、口感和化學配方，洋芋片完全轉型了。它成了工業上的調味樣板，大家紛紛以精準的工程手法來討好我們的味蕾，賺進大把鈔票。六十年後，洋芋片的種類已經多到令人目不暇給。其中不乏參考世界各地美食，改造成當地人喜愛的口味的例子，像是泰國的辣花枝口味、俄羅斯的紅魚子醬口味、西班牙的蒜香蝦口味、澳洲的維吉麥（Vegemite）口味[1]，以及英國的約克夏布丁（Yorkshire pudding）口味等。

洋芋片的轉型是當代飲食與口味巨變中的一股洪流，地位與火的發明和酵母菌的運用相當。打從人類在一萬兩千年前開始種植穀物開始，到一九〇〇年代左右，大部分的人都是以有限的澱粉植物，像是各種穀物，或是馬鈴薯之類的根莖植物為主食過活的，肉類、乳類、蛋、水果或蔬菜等，都屬於特殊情況下才吃得到的奢侈品。食物歷史學家瑞秋・勞丹（Rachel Laudan）稱那樣的飲食為「低級料理」（humble cuisine）。主要的熱量都是來自小米或玉米之類的基本澱粉，由家中女性負責烹調，然後大家用自己的餐具，有時甚至只是用手，從一個公用的碗取食。

有錢人吃的東西就不一樣了。他們有功能齊全的廚房、專業的廚師，有能力買動物來宰殺，甚至有國外來的香料。飲食內容多元且豐盛，充分展現了一個人的權力與地位，這就是「高級料理」（high cuisine）。主要的熱量來源為肉、甜食、脂質和含酒精的飲品。他們吃的東西有調味料、有醬汁，一餐下來會吃好幾道菜，而且一切都要合乎傳統和禮節。即使是澱粉，也是像稻米和小麥之類的高檔穀物。

到了二十世紀，龐大而環環相扣的工業食品系統，取代了御廚和私人廚師一直以來做的工作。它們養牛、宰牛、料理牛、製作乳酪、釀造啤酒、種植小麥、磨製麵粉，還調製各種調味料的配方。現在，大部分的人隨時有肉吃、一頓飯也可以從前菜吃到過去只有王公貴族才吃得起的甜點。一九五〇年左右，漢堡和薯條問世了，它們聽起來和高級料理扯不上關係，卻是高級料理五千年淬鍊下來的結晶，勞丹稱它們為「中級料理」。

1〔譯註〕維吉麥由多種蔬菜和酵母抽取物加工製作的醬料，一般拿來塗在麵包或蘇打餅上。

讓人垂涎的牛肉、油亮重鹹的薯條，搭配增添氣味的番茄醬和芥末醬、香氣四溢的乳酪和辛辣開胃的洋蔥，整個組合簡直就是一場宮廷盛宴的縮影。一九〇〇年代初期，一場食物與風味的民主運動展開了，一般老百姓也開始有機會獲得充分的營養。

但是不知不覺之下，這個系統失控了。隨著洋芋片等零食蓬勃發展，食品公司間以刺激消費者的味蕾為目標，展開了競爭。他們研究了關於味道的生物學，利用基因學和認知學上的新發現，來操縱消費者的感知和欲望。超級市場、速食店裡賣的加工食品，無不衝著我們的感官直來，將我們的大腦和腸胃玩弄於股掌之間。一旦消費者對商品不再感到新鮮，他們就想辦法推出新口味。這樣的過度刺激，縱然讓我們的味蕾驚奇不斷，對公共衛生卻是有害的。以美國為例，一項哈佛大學的研究追蹤了十二萬名健康男女的體重、以及飲食習慣二十多年，發現大家平均體重每年多了一磅。洋芋片、馬鈴薯、含糖飲料、紅肉，都是造成體重增加的罪魁禍首。好吃到讓人停不下來的洋芋片成了殺手。

• • •

馬鈴薯曾經是最具代表性的低級料理，和辣椒一樣，都始於安第斯高地上的野生品種，然後一路往山下發展（兩者同屬茄科植物）。野生馬鈴薯的節多、味苦，但是早期的美國人看出不起眼的馬鈴薯富含澱粉，於是開始種植。印加人（Incas）甚至發展出了一套種植、儲存和保存馬鈴薯的複雜系統。馬鈴薯由於丙胺酸（olanine）和番茄鹼（tomatine）兩種植物鹼，而有一股苦味。印加人首先會除去馬鈴薯的苦味，然後晚上冷凍、白天曬乾，接著利用踩踏和泡水來讓馬鈴薯軟化，使它容易去皮。去了皮的馬鈴薯通常會再曬一次太陽，最後得到的成品保存幾個月都沒問題，運送起來也很便利，一直到現在還是有人這麼做。此外常有人用辣椒來增添它的風味。

一五〇〇年代，西班牙人征服了印加，將馬鈴薯帶回歐洲，但是它的苦味讓人退避三舍。不過大家也注意到了馬鈴薯令人難以拒絕的營養價值。十八世紀，在受盡戰爭與革命的摧殘後，法國人在藥學家安東尼奧古斯丁・帕門提爾（Antoine-Augustin Parmentier）的提倡下，開始對馬鈴薯愛戴有加。帕門提爾在七年戰爭（Seven Years War）期間〔2〕，曾多次被普魯士人（Prussians）關在德國監獄裡，這段期間，他只以馬鈴薯果腹。被釋放後，他開始推崇馬鈴薯，並提出馬鈴薯會是歐洲一再發生饑荒的解決之道。法國國王路易十

2〔編註〕一七五六至一七六三年間，歐洲主要國家組成兩大集團彼此交戰。

四曾在出席公共場合時，佩戴馬鈴薯胸花，他的皇后瑪麗・安東妮（Marie Antoinette）則頭戴馬鈴薯花做成的花圈。馬鈴薯可以說是助長歐洲人口增加一整個世紀的推手——但是過度仰賴馬鈴薯，則是愛爾蘭在十九世紀發生馬鈴薯饑荒的原因。

洋芋片是美國人的發明，但大家對發明過程不是很清楚；最廣為人知的故事發生在一八五三年，紐約薩拉托加泉市（Saratoga Springs）的月湖旅館（Moon Lake Lodge）。當時，有一位客人認為配菜裡的炸馬鈴薯不夠酥脆，把它退回了廚房。廚師喬治・克朗姆（George Crum）重新做了一次，但這位客人還是不滿意。克朗姆被惹毛了，於是將馬鈴薯切得細細的，放進炸鍋炸得金黃，加了點鹽巴後，送到客人面前，打算用這酥脆無比的馬鈴薯片反諷回去。沒想到它出奇的好吃。大家逕相走告，很快的，從雜貨店到馬車攤販，到處有人賣起炸薯片。到了二十世紀早期，美國東部已經是洋芋片工廠林立。它們最初多是家庭式經營的，就像喬・墨菲的工廠一樣，地點可能只是某個人家的空房、車庫或是農倉。

口味平淡的馬鈴薯經過油炸，再加了鹽巴後，令人刮目相看。原本只是用來提供人體熱量所需的馬鈴薯，在與油脂和鹽結合後格外誘人，為大腦的快感中樞（pleasure centers）帶來一股暖流，引發了喜悅與渴望。在我們的學習經驗中，酥脆的口感代表新鮮與美味。咬一口洋芋片，大腦立刻就知道那是好吃的東西。這種立即的判斷能力依據的是基本味覺，以及咀嚼後產生的香氣。但是還有些味覺感受，是科學現在才要揭發的。這些新發現，可能會讓我們對自古希臘以來的基本味覺認知，有所改觀。

澱粉雖然無味，但是我們的嘴巴依舊可以識別出它來，然後知會大腦。二〇一四年，紐西蘭奧克蘭大學（University of Auckland）的科學家做功能性磁振造影後發現，以澱粉溶液漱口後的受測者，視覺和運動皮質的活動能力比起控制組，要高了百分之三十。受到這種食物能量刺激後，受測者的專注力變得比較集中和敏銳。我們不清楚嘴巴是如何知道入口的是澱粉。可以確定的是，舌頭上的細胞顯然具有味覺、觸覺以外的感官能力。

科學家曾經把高油脂食物的吸引力，歸因於它們外觀濃稠且香味撲鼻，但是最近的研究則認為，油脂味其實是另一種基本味覺：舌頭上有脂質受體，可以啟動特有而且令人愉悅的感受。把油脂味當成一種基本味覺是合理的，就像澱粉和糖一樣，脂質也是重要的營養素，經過代謝生成的脂肪酸，更是細胞的主要能量來源。自從我們的祖先開始吃肉後，我們便從飲食上攝取了充分的脂肪酸，大腦也因此長大了。這同時，某個發生在人類的特有突變，有助於我們燃燒膽固醇、減少因為攝取油脂而罹患心臟病的風險，讓整個轉變更加順利。所以說，在人類吃太多油膩食物之前，攝取油脂並不是壞事。

油脂的味覺有如一曲微妙的華爾茲：由第一受體的蛋白質擔任脂質分子的伴護蛋白（chaperone），協助它們和第二受體結合，然後將訊息傳送到大腦。舌頭上的這類伴護蛋白愈多的人，對脂質的敏感度愈高，也就愈容易覺得東西嘗起來油膩。因著基因遺傳不同，這種對油脂的敏感度因人而異，相差可以有好幾千倍。對脂質較不敏感的人比較容易發胖；有個理論認為，這是因為他們偵測油脂的能力差，因此攝取油脂時得到的歡愉感受相對也較低，只好以量取勝，藉著多吃脂質來彌補。但是過度的刺激，只會讓他們的敏感度更差、更愛吃油膩食物，有點像是對藥物上癮或是愛吃甜的惡性循環。

接著是鹽巴。所有生命都源自大海，動物首度出現在陸地上至今已經四億年了，但是我們的身體還是沒有完全脫離大海。我們的神經系統得藉由流竄全身的帶電鈉離子來傳遞訊息，存在身體裡的各種液體都有特定濃度的鹽分。身體對鹽分的管理完全不得馬虎，才能讓這些功能順利進行。太多鹽分會破壞平衡，當血液裡的鹽分過量，水會從組織進到血液裡，試圖平衡鹽分濃度，我們會因而感到口渴、肌肉衰弱，連帶大腦也縮水了。另一方面，鹽分不足也可能致命。雖然我們的身體可以連續幾個星期不攝取鹽分，但是一旦內部鹽分用盡，會出現「鈉饑餓」，這時味覺會再度展現它神奇的可塑性，在這種緊急狀態下，鹽水會突然變得好喝起來了（這個時候喝鹽水絕對不是致命行為）。

肯特・伯瑞基（Kent Berridge）實驗室的科學家做了一個實驗，他們給缺乏鹽分的大鼠喝了鹽分濃度相當於海水三倍的鹽水，結果發現，快樂熱點的神經元細胞反應，竟然和喝糖水時是一樣的，這些大鼠顯然樂在其中。

少量的鹽巴味道是好的，但是一大撮鹽巴的味道就很可怕了，所以我們攝取的鹽巴量總是控制在一定的安全範圍內。哥倫比亞大學的神經科學家查爾斯・薩克（Charles Zuker）為這種兩極化的味覺找到了答案。鹽巴的量少時，只會刺激鹹味受體，但是過量時，則會刺激苦味和酸味受體，這兩種味道混合起來真的是不好吃。

這種雙重身分的特性，在飲食和文化上都可以見到。鹽的提味能力所向無敵。打從史前時代開始，鹽巴就是做為防腐、調味等萬用食材。它可以和苦味抗衡、讓油脂變得好吃、湯頭變得更美味，所有食物的味道都提升了。烤麵包時，加點鹽巴可以催化梅納反應，讓烤出來的麵包呈現漂亮的金黃色。史前時代的牧人在趕他們飼養的動物時，會在手裡放些鹽來引導牠們。醬料的英文是sauce、沙拉的英文是salad、香腸的英文是sausage，這些字都是從拉丁文的鹽味（*salsus*）來的。耶穌在《聖經》的〈馬可福音〉裡勉勵基督徒要做「世上的鹽」，指的是明白上帝旨意的人。過多的鹽則意味著荒蕪和死亡，《聖經》〈創世紀〉裡，義人羅德（Lot）的妻子因為顧念罪惡深淵、即將被摧毀的索多瑪城（Sodom），不聽天使的警告，在逃亡時禁不住好奇回頭，於是變成了一根鹽柱。

與油、糖和澱粉一樣，現代人的鹽分使用也是過量的。已開發國家的人們攝取的鹽分和偏遠部落地區的人，或是過去鹽分取來不易、以打獵採集維生的祖先相比，高了十倍，這使得現代人罹患心血管疾病的風險大大提升。我們或許不覺得吃的東西特別鹹，主要原因是我們早已經習慣這樣的口味了。盡可能攝取鹽分原本是一種求生策略：我們的祖先會在有鹽分的時候盡可能攝取，好挨過鹽分匱乏的時期。但是現在如果還採取這樣的策略，是會害死人的。愛荷華大學的行為心理學家愛倫・金・強森（Alan Kim Johnson）研究了現代人對鹽的渴望，最後的結論是，整個世界都對鹽巴上癮了。

我們的身體對碳水化合物、脂質和鹽分的熱切反應，讓原本平淡無奇的洋芋片成了大家夢寐以求、不吃不可的零食。但這樣的渴望還是有它在生物學上的極限。人類在發展過程中，先從食腐的哺乳類動物演變成採集狩獵者，繼而又演變成現今雜食性的我們。追求新鮮、多樣性、有反差的食物，是一股強而有力的生物力量。

一九五〇年代，法國心理學家賈克・勒梅格寧（Jacques Le Magnen）在研究饑餓的本質時，發現了這樣的基本動力。勒梅格寧在十三歲因為感染腦炎導致失明，但是他對科學事實與數據有著驚人的記憶力，最後他藉著研究嗅覺神奇的吸引力闖出了名堂。鼻子的靈敏度會因著性荷爾蒙，甚至一天裡的不同時間而改變。勒梅格寧首先研究的，是食慾和餵食的規律。他設計了一套儀器來記錄大鼠在一天當中所吃所喝的每一丁點食物，很快他便發現了一個奇怪的現象。單吃一種食物的大鼠沒多久就會停止吃東西；那些吃各種食物的大鼠則是吃個不停，體重也逐漸增加。是某種生物學上的力量，在引導著這些大鼠走向飲食多元化。「滿足飢餓感」終究不單單只是攝取足夠的熱量而已。

人的食慾和勒梅格寧養的大鼠相差無幾。一直吃同一種食物時，就算再怎麼好吃的東西，也很快就會膩了，甚至令人難以忍受。有些美國監獄會利用這種方法來懲罰不守規矩的犯人。他們把剩菜和飯、馬鈴薯、燕麥、豆子或紅蘿蔔等基本食材混在一起，烤成一大塊味道平淡、灰色的不明東西。這塊大餅雖然完全符合營養需求，但是任誰也不想吃它。美國公民自由聯盟（The American Civil Liberties Union）認為，這種剝奪味覺的處罰太過嚴苛不當，但是這個方法卻奏效了。威斯康辛州的某個監獄以這樣的食物做為處罰，結果犯人打架、侵犯他人和不守規矩的情形大大改善。

只要選擇一多，大家的食量就會變得比較大。這是大家在吃到飽餐廳都有過的經驗。一餐飯如果有多道菜色，或是有多種食材、多種味覺層次時，通常會讓人的食量變大。一九八〇年，牛津的夫婦檔科學家愛德蒙・羅斯（Edmund Rolls）和芭芭拉・羅斯

（Barbara Rolls）做了一個實驗，他們讓三十二位自願者試吃了八種不同的食物：烤牛肉、雞肉、核桃、巧克力、餅乾、葡萄乾、麵包和馬鈴薯，接著吃一大份其中的一種食物，最後再請他們重新試吃所有食物。這時候，所有自願者都覺得，自己剛才吃了一大份的食物最難吃。

食物好不好吃，與歡愉的感受有很密切的關聯。這種歡愉的感受通常在最初那幾口最為高張，但是愈吃就會愈感乏味。可是換吃個不同的東西時，那種歡愉的感受就會再度湧現。羅斯夫婦利用電極和大腦掃描，研究了我們的大腦是如何完成這種感知之間的轉換。我們的胃在逐漸裝滿時，會啟動一系列荷爾蒙，將「停止」的訊息傳送到大腦負責調節食慾和歡愉的區域。這時，這些區域的神經細胞便不再處於興奮狀態。但是在我們的眼窩額葉皮質，有針對特定味覺、嗅覺等感官反應的神經細胞，它在關閉對某種食物的歡愉反應的同時，還可以維持對其他食物的歡愉反應。

這就是為什麼我們永遠吃得下甜點。主菜通常不是甜的，所以即使我們已經吃飽了，還是不會排斥再吃點甜點。自從世界的糖供應量在四百年前開始大幅成長以來，就為甜點在用餐結束時，留下了一個特殊地位。對許多人來說，期待飯後來份甜點是天經地義。

・・・

一九五〇年代，洋芋片廠商開始為他們的產品添加風味時，尚不知道背後這些生物知識。但是慢慢的，食品工業開始參考生物學上的發現，發展出各自對風味與食慾的見解。哈沃德・莫斯科維茲（Howard Moskowitz）是任職於美國陸軍納蒂克實驗室（Natick Laboratories，距離波士頓西邊大約二十英里處）的年輕科學家，一九七〇年初期，他曾經針對軍中的「個人戰鬥糧」提出異議。這種個人戰鬥糧簡稱MIC，三個字母分別代表餐食（Meal）、戰鬥（Combat）、個人（Individual）。這是一種可以隨身攜帶的糧食，內容物包含四種罐頭食品，一樣肉，可能是牛肉或火雞肉、餅乾、起司抹醬和甜點。另外還會附上鹽巴、胡椒、糖、口香糖和香菸等。這樣的個人口糧曾經餵飽了越戰士兵，但是士兵們超級討厭這種食物的，他們厭惡火腿肉和利馬豆（lima bean）到了極點，甚至認為光提到它們的名字就會倒大霉，有些人乾脆稱它為「火腿和他媽的」（ham and motherfuckers）。

這些士兵已經習慣了速食品帶來的感官大轟炸，即使躲在散兵坑裡、沒有其他食物選擇，他們還是對差強人意的軍中食物毫無興趣。當時的納蒂克實驗室必須負責解決這個問題。「這些士兵可以在軍糧供應站或食堂取得免費食物，但是他們卻寧願花自己的錢去買麥當勞，」莫斯科維茲說道。「軍方擔心他們花了錢，買的卻是沒有營養的食物。但是要怎麼樣才能讓軍中的食物更吸引人呢？」

莫斯科維茲原是哈佛大學心理系的學生，曾在心理物理學實驗室工作，他決定先從甜味與鹹味著手（在一九六〇年晚期，舌頭味覺圖的創始人艾德溫・波林剛從學校退休，還曾經帶他到教職員餐廳一起用餐，告訴他許多陳年的心理學故事）。莫斯科維茲想要研究歡愉背後的生物學，但是當他提到要以這個做為論文研究主題時，他的指導教授告訴他，這是個沒有人會重看的議題。科學家要找的，是自然界中通行不變的原則。他的指導教授這麼回他。人們對於飲食的喜惡捉摸不定，這種充滿變異性的議題，是科學研究避之唯恐不及的。

來到納蒂克，莫斯科維茲終於可以好好從事關於味覺歡愉的研究了。他希望可以改變人們吃了東西後的歡愉感。首先，他把焦點放在甜味上，並發現了一個不變的現象：當糖的濃度從零開始增加，歡愉的感受也隨之增加，一段時間後會持平，然後開始走下坡。這不是什麼新奇或驚人的發現：不管是糖或其他東西都一樣，濃度過低時可能察覺不出來，但是濃度過高時又教人承受不起。對於這樣單一的味道，我們很容易便可以找出它的最佳濃度，但是把多種材料混在一起時，像是番茄醬之類的，就很難找到這個「剛剛好」的點。這一天，莫斯科維茲的實驗室夥伴看著莫斯科維茲的歡愉圖表上出現一個高峰，興奮的對他說，「哈沃德，你找到那個讓人開心的點了。」

莫斯科維茲將各種食材以不同的比例混合，然後進行更多實驗，來尋找對應每個混合物那個剛剛好的點。他發現有些混合物這樣的點不只一個：歡愉的感受逐漸增加，接著下降，不久後又再度隨著濃度增加而上升。他也發現，每個人的歡愉點不盡相同，大家的感知與敏感度都是千變萬化的。這項研究的結果在改善軍糧時派上用場了，新版本的軍糧取名「個人即食糧」，簡稱MRE，其中的M是餐食（Meal），R和E是「即時可食」（Ready-to-Eat），內容物是用輕質塑膠袋封裝起來的。莫斯科維茲認為，他的發現還可以運用到更廣的地方。他向食品公司推銷自己的想法，但是一開始完全沒有人理會。

問題來自另一個根深柢固的偏見。「他們認為每一個人基本上都是差不多的，」莫斯科維茲說道。「他們知道人與人間有差異；這是一八九〇年代的文獻就曾經記載過，但是他們認為『我們知道每個人都不一樣，但是關於這些差別，我們不知道該拿它如何是好，所以就眼不見為淨的吧。』因為這些差異沒有規則可循。」

後來有食品公司看出他的能耐，聘請他擔任顧問，於是他離開了納蒂克實驗室。

他將歡愉點的研究，和幾份關於口味偏好的詳細調查做了整理，決心找到搭配起來最美味的食材。有些味道豐富的食物很好吃，但是沒多久就會吃膩。「你可以想像每天都吃漢堡嗎？或許可以。每天吃麵包？也或許可以。但是每天吃牛排呢？恐怕沒辦法。烤鴨呢？再怎麼喜歡，你大概也不會想要這輩子每天都吃北平烤鴨吧？」以對比鮮明的食材組成味道清淡一點的食物，比較容易引起歡愉感，也比較不會讓人感到膩。就像番茄醬，裡面綜合了鮮味、甜味、鹹味和酸味，還有一點香味。洋芋片的味道重而強烈，但是很快就會讓人生膩了。為了要滿足消費者的不同喜好，我們可以採用各種不同的配方。

一九八六年，麥斯威爾咖啡的市場占有率逐漸被弗格斯咖啡（Folgers）取代，莫斯科維茲說服麥斯威爾咖啡，將咖啡分成輕度、中度和重度三種烘焙程度販售。結果銷售量一下子又回溫了。他建議金寶湯（Campbell's）做一種顆粒較粗的義大利麵醬，來打入以拉古（Ragu）為主流的市場，結果為他們賺了六億美元。莫斯科維茲還發現，與享樂淵源甚深的甜味、鹹味和油脂，可以提升多種食物的歡愉點。食品製造業開始利用這些特性變起花樣。正因為有莫斯科維茲奠下的基礎，我們現在才會置身於這個口味層出不窮，甚至教人應接不暇的世界。

• • •

味道誕生涉及的層面很廣，從舌尖的化學反應，到腸道裡的代謝訊號，都貢獻了一己之力。我們高度發展的額葉皮質雖然看似與味覺無關，卻透過我們的思考和選擇，影響著我們的味覺。

食品的顏色、外表和身分，與它的成分同等重要。位於瑞士洛桑（Lausanne）的雀巢公司研究中心人員測試了這個想法。他們讓躺在功能性磁振造影機中的受測者看了披薩、羊排等高熱量食物的照片，以及青豆、西瓜等低熱量食物的照片，觀察它們是否會影響一個人的味覺感知，同時以一個小電極刺激受測者的舌頭，來製造溫和、中性的味道。

結果，看到健康食物的圖片時，只有些微的歡愉反應和中等程度的大腦活動。但是面對重口味的食物時，大腦突然激動了起來，而且活動主要集中在眼窩額葉皮質。這時，電擊的味道也突然變得美味了。這個實驗顯示，只要我們的眼睛看到好吃的東西，口中就會產生好吃的味道：光是看到披薩，就會有好吃的感受。這是一個複雜的反應，當中牽扯到了視覺、記憶和知識，而且幾乎都是立即的反應。「這些反應發生在百分之幾秒之內：先是最初的視覺觀感，接著是從感知到認知的改變，」雀巢實驗室的神經科學家約翰尼斯・勒庫特瑞（Johannes le Coutre）說道。「視覺和味覺的訊號是互相交織的。」

除了食物本身，還有許多會影響味覺認知的因素，包括餐具和盛裝容器的重量、形狀和顏色等。質量輕的湯匙會讓優格感覺比較濃稠、價格較高。藍色湯匙會讓粉紅色優格的味道感覺起來比較鹹。白色湯匙對白色優格有加分效果，但是會讓粉紅色的優格變得不好吃。鹹的爆米花裝在藍色碗裡，會讓人覺得味道更鹹。講求細膩味道的葡萄酒，更是容易受到這類因素的影響。價格愈高的酒愈讓人覺得好喝。雖說酒的顏色與它的味道有密切關係，但顏色也是最容易誤導人的因素。二〇〇〇年，在法國波爾多大學（University of Bordeaux）研究釀酒學的學生接受了一項實驗，他們先喝了賽美蓉（semillon）和蘇維翁（sauvignon）白葡萄釀造的白葡萄酒，再來是卡本內蘇維翁和梅洛混合的紅酒，最後又喝了白酒，只不過這次的白酒被染成了紅色。他們寫下試喝了這幾種酒的感想，結果大家在評論染紅的白酒時用的詞語，有許多都是平常用來描述紅酒的，蘇維翁像是「菊苣」、「煤炭」和「麝香」等。

食品公司正是利用這種把戲來左右消費者的味覺，以及購物習慣。不管是名字、顏色或包裝，無不迎合消費者的喜愛設計，目的是要在消費者心中製造非吃不可的味覺感受，巴不得把它們統統放進購物籃裡。在這些伎倆中，最厲害的莫過於品牌。它代表著記憶、情感和所有與這個商標相關的聯想，每看到它的商標，大腦就會想起它背後代表的所有事情。

二〇〇四年，休士頓貝勒大學（Baylor University）的科學家利用功能性磁振造影，研究了品牌如何在我們的腦海裡留下深刻印象。他們比較了大家對可口可樂和百事可樂兩種可樂的反應。這兩種可樂的化學組成、味道、顏色和黏稠度都很相近。在沒有看到品牌時，大多數的受測者都認為兩種一樣好喝。但是一旦秀出品牌後，可口可樂便不費吹灰之力獲得勝利。有標示的可口可樂得到的票數，比沒有標示的可口可樂多。然而百事可樂這品牌，並沒有動搖大家的味覺感受，在有標示和沒有標示的情形下，百事可樂得到的票數是相同的。

接著，研究人員讓這些受測者用三尺長的吸管喝可樂，同時接受功能性磁振造影檢查。在可樂抵達口中前，受試者面前的螢幕會出現可口可樂或是百事可樂的瓶罐。百事可樂再一次敗北。但是當可口可樂的瓶罐一出現，即使可樂還沒有來到嘴邊，掌管記憶的海馬迴也已經活躍起來了。此外，前額葉皮質某個與意識認知有關的區域，也有同樣的反應。我們的大腦似乎完全進入了對可口可樂的文化聯想與預設期待，把過去的經驗全加諸在味道的感受上。

• • •

進入二十一世紀，不斷在食物和飲料的味道上下工夫的製造商發現，他們已經黔驢技窮了。幾乎把所有能玩的把戲都使出來了，消費者的選擇更是空前的多。過去，我們的猴子老祖宗在叢林間擺盪，必須留心尋找藏在綠葉中的果實，但是當果實的數量遠超過葉子時，又該何去何從呢？

位於加州門洛帕克市（Menlo Park）的高級超級市場德爾格（Draeger's），以令人眼花瞭亂的商品選擇著稱，這裡賣的芥末醬有二五〇種、橄欖油有七十五種、果醬超過三百種。一九九五年，哥倫比亞大學的商學院教授席娜・愛因嘉（Sheena Iyengar）和史丹佛大學的心理系教授馬克・萊柏（Mark Lepper）做了一個著名的研究，探討究竟多少選擇才算太多。他們派了兩個人員在錯開的時段假扮成德爾格的員工，在店裡邀請顧客試吃東西，其中一位提供六款果醬給人試吃，另外一位提供二十四款。試吃完後，他們會給參與的顧客一塊錢美金的果醬折價券。測驗結果發現，雖然口味選擇多的果醬吸引了比較多顧客，但是大部分的人也只試吃了一到兩種果醬，而銷售量卻是選擇項目少的那一組大獲全勝，有三分之一的人在試吃了果醬後便買了；有二十四種選擇的那一組，只有百分之三的人購買果醬。選擇項目的多寡顯然也有舉足輕重的影響力。

挑果醬比起從樹上摘水果複雜多了。好不好吃是一回事，品牌、價錢、要塗在吐司上或英國馬芬上，也都是考量的重點。大腦額葉皮質的功能在做複雜的決定，它的位置與處理感官、記憶、歡愉、情緒和自主運動等部位非常接近，可以整合這些線索，評估價格與效益、推測未來的景象，最後促使大腦採取行動。科學家利用功能性磁振造影觀察了選擇食物的大腦，發現在眼窩額葉皮質內側有一小塊區域，在大腦做選擇時特別活躍。每一種新研發出來的口味配方、花在研發新口味和推銷這個新口味的每一分錢，都是為了討好這個區域的特定細胞。但是在選擇不斷增加的同時，做決定也愈生困難，因為需要處理的資訊實在太多了。來到某個極限時，不管是什麼樣的新口味、不管它有多誘人，也無法突破重圍。

・・・

然而，這些障礙阻止不了大家決心在口味上求新求變，而且愈來愈倚賴新科技來做這件事。二〇〇〇年代中期，味覺公司 Opertech Bio 的共同創辦人，同時也是生物學家的凱爾．帕莫（Kyle Palmer），想出了一種測試新口味的方法。他決定以大鼠代替人類來進行味覺測試。人類具有敏感的味蕾，以及絕頂的表達能力，而大鼠不過是吃人類垃圾過活的傢伙，數千年如一日。但是牠們雖然無法詳細的描述味道，對食物的反應卻也明顯到足以做為評估依據。

帕莫將大鼠放在史金納箱（Skinner box）〔3〕，將數十種不同味道的液體配方放在小淺碟裡，讓大鼠品嘗。至於牠們對一個口味的喜歡程度，則是用牠們舔了幾口來測量。碟子裡裝了糖水時，牠們大概會舔個三十次；裝清水時，大約二十次；如果裝的是帶苦味的液體，牠們只會舔個一次或兩次。有了這些觀察做為基準，便可以得知牠們對特定配方的喜愛程度。每嘗試完一個樣本，牠們就可以獲得一個沒有味道的食物丸做為獎賞。Opertech大鼠的平均壽命大約是三年，牠們的一生就是這樣度過的；牠們的照護者對牠們的性格與口味，可說瞭若指掌。

這個方法看起來有點粗糙，但最大的優點是單純。在研發新口味的成分時，食品公司會對一長串化學品進行篩選，希望從中找出具有潛力的候選人。利用機械式的重複試驗，帕莫這套系統很快的就衍生了大量數據，不但觀察更細膩，還事半功倍。光憑四隻受過訓練的大鼠，他們在幾天之內，就可以測試完上千個化合物，找出最好吃的味道。

他們的競爭對手Senomyx生物科技公司，則將這個方法發揚光大，改以人類組織來代替實驗室裡的大鼠。Senomyx的科學家找出了與人類甜味、鮮味和苦味受體相對應的DNA，並申請了專利（沒錯，味覺基因等人體基因是可以申請專利的）。他們將這些基因片段，插入某種研究癌症時使用的腎臟細胞，這麼一來，這些細胞便可以利用插入的DNA來製造受體，Senomyx也就擁有取之不絕的味覺細胞了。

養在培養皿的細胞不但可以用來測試新口味，敏感度還可以調整到分子層級。「我們可以藉此辨識出，哪些口味是帶有苦味的、作用在哪一個受體，然後選擇性的將苦味剔除，」Senomyx的副總裁大衛．林麥爾（David Linemeyer）說道。這個系統讓Opertech的大鼠相形失色：大鼠得花上幾天做的事，這個系統幾個小時就可以完成了。

不過，Senomyx的方法有個缺點。他們使用的這些細胞，來自一九七〇年代、某個被墮胎的胎兒身上的幹細胞。一直以來，這些細胞在醫學和生物科技研究上扮演了不可或缺的角色。但是，不管當初是什麼樣的因緣際會，讓Senomyx開始使用這些細胞的，一個飲料或食品品牌與墮胎沾上了邊，都有損名譽。二〇一一年，反墮胎團體得知這件

3〔譯註〕一種方便觀察老鼠行為用的實驗箱。

事後，就開始抗議這類研究；奧克拉荷馬州更明文禁售任何利用這項科技製造的食品。當時與百事可樂有合作關係的Senomyx也承諾，不會再使用這株細胞進行研究。

Senomyx和Opertech都曾經將他們的技術，運用在味覺問題中最困難的一個，那就是「找出真正可以取代糖的東西」，而且還找到了類似的解答。Opertech的大鼠很喜歡甜葉菊苷C（Rebaudioside C，簡稱Reb C），這是一種由甜葉菊萃取出來的東西（在這之前，「甜葉菊苷A」這種甜葉菊萃取物已經運用在多種產品了）。甜葉菊苷C本身並不甜，但它可以讓糖變得更甜。只要加了這種增甜劑，製造飲料時就不用加那麼多糖，而且仍然保有原來的味道。二〇一三年，Senomyx和百事可樂宣布，他們也找到了一種類似的化合物。儘管極具革命性，但大眾是否喜歡這個做法是另外一回事：「被下了藥後，美國人認為他們的汽水變甜了」，知名網路媒體《博客》（*Gawker*）的頭條新聞這麼說道。

百事可樂的研究人員還想出了另一個方法，來讓大家更期待喝汽水。他們秉持的道理很簡單：人們在品嘗食物前，喜歡先聞聞味道。我們的經驗告訴我們，好吃的東西一定會先散發出好聞的味道，像是剛泡好的熱咖啡、熱鍋裡噼哩啪啦作響的培根、剛出爐的巧克力餅乾，全都香氣四溢，沒有例外。百事可樂在二〇一三年為他們研發的「香氣運輸系統」申請了專利，他們在直徑不到一毫米的膠囊裡裝了某種香氣，希望消費者在飲料入口之前，就可以聞到可樂或柑橘的味道。打開瓶罐那一剎那，膠囊會跟著爆破，釋放出誘人的香味。就像打開瓶罐時那「嘶——」的一聲一樣，希望將來這個味道也讓人一聞就聯想起解渴的飲料。這不是香味唯一的運用方式；二〇一三年，日本有一家公司開始販賣會散發出迷人香氣的智慧型手機配備和應用程式，目前有咖啡、咖哩、草莓和韓國烤肉等味道可以選擇。

食品科技已經開始罔顧天然，捨棄了流傳數千年的傳統食物與味道。二〇一三年，荷蘭科學家在倫敦舉辦了一場試吃大會，供人試吃以實驗室培養出來的人工肉做成的漢堡排。畜養牛隻的生態成本非常高；如果有一天，我們可以不必養牛，就有漢堡吃，那麼騰出來的空間就可以做其他用途，環境受到牛肉工業衝擊的情況也會改善，更重要的，這麼做可以餵飽更多人。這項研究是由谷歌的共同創辦人謝爾蓋．布林（Sergey Brin）提供三十三萬美元贊助的；計畫領導人希望可以擴大人工肉的製作規模，並在十到二十年內上市販售。

這個由馬克．波斯特（Mark Post）領導的科學家團隊先從牛隻取了幹細胞，接著進行培養，並以抗生素來預防微生物感染。他們使用來自馬和牛犢血漿的培養液來促進幹細胞生長，並刺激它們發展成肌肉組織。幾個星期後，他們將得到的一小團細胞放進培養皿中，接著這些細胞會發育成一束束的纖維細胞，就像一小條肌肉，長度大約是一公分。為了增加它們的質量，科學家們將這些組織固定在以可溶性糖做的支架上，並伸展它們。每一條小肌肉大約是四百億個肌肉細胞組成的，將兩萬條這樣的小肌肉以麵包粉和黏著劑混合，放進鍋裡，以葵花油和奶油煎過，就成了漢堡排了。

真的牛肉是紅色的，味美而且油脂多，裡頭含有血液、荷爾蒙和胺基酸，動物先前的生活和飲食經歷，都在肉裡留下了痕跡。實驗室裡培養出來的肉是白色的，得用番紅花、甜菜汁等染紅；它們吃起來不像肉，事實上它們吃起來什麼都不像。食品科學家漢尼．魯茲勒（Hanni Rützler）用了頗為尖銳，而且與牛肉毫不相干的字眼表示它吃起來「脆而燙」、「有點像蛋糕」。波斯特打算再加一點實驗室裡做出來的脂肪細胞（一樣來自幹細胞）來改良它。或許有一天，這些漢堡會是可以吃的，甚至是好吃的，但是想要和真正的肉相提並論，恐怕還得等上很長的一段時間。

有時候，食物不見得要和味道扯上關係。二〇一〇年代初期，一位矽谷的軟體工程師羅伯．萊因哈特（Rob Rhinehart）實在是受夠了吃東西這件事。不管是從享受美食中獲得快樂，或純粹填飽肚子，都讓他感到諸多不便。他不喜歡買東西、煮東西，也不喜歡洗碗。他甚至懶得去餐廳吃飯，或是買外帶。另外，他也對自己吃的大多食物沒信心。

他知道這些食物雖然好吃，但事實上不健康。

想要反抗食品系統的專制最好的方法，就是回到最天然、最新鮮、最簡單的食材。就像作家麥克．波蘭（Michael Pollan）說的：「吃。但別吃太多。而且要以植物為主。」做法很多，但恐怕不怎麼好吃。有人提倡舊石器時代（Paleolithic）飲食法，這種作法所持的理由，是我們的基因和身體，都比較適合吃過去採集狩獵者可以取得的食物，像是草飼動物偏瘦的肉、牛奶、蛋、水果和核果等。

但是萊因哈特是個標準的科技人，他不是美食家，也不是趕流行的人，因此他決定遵照最基本的原則，以科技方法來創造出最完美的食物。他研究了人體的需求，並盡可能以最基礎的化學成分來設計食物。他使用的材料中，可以辨識出來的材料只有橄欖油、魚油和鹽巴。這些成分需求包括碳水化合物、蛋白質、脂質、膽固醇、鈉、鉀、氯、纖維、鈣和鐵，接下來是一長串的維生素及其他營養素。萊因哈特把這些東西全部混在一起沖泡，看起來就像顏色淺淺的咖啡奶昔，也有人說像嘔吐物。「一開始，我也不知道這東西究竟會對我的身體有害，或是賜給我超能力，」萊因哈特寫道。「我捏著鼻子，沒抱太大期待的把它端到嘴邊，做好接下來入口的東西將難以下嚥的準備。沒想到，還挺好喝的！那是我這輩子吃過最好吃的早餐了。在這杯稍微帶有甜味的飲料裡，我所需要的營養全具備了。」

他把這個產品根據一九七三年的電影《世紀謀殺案》(*Soylent Green*),取名為Soylent。這部電影的場景在未來的紐約市,那時大家唯一可以吃的東西,就只有用浮游生物做成的綠色餅乾。但是劇情最後揭穿了這謊言,「Soylent餅乾其實是用人的屍體做的!」

萊因哈特把自己當成這項科學實驗裡的小白鼠,連續一個月只吃Soylent和水。他每天量體重,並且抽血測量幾個重要的營養素指標,然後修正Soylent的配方,以確保攝取到完整的營養。有一回,他血液中的鉀濃度升高了,心跳也跟著加快,讓他感覺要昏厥過去,於是他便把飲料中的鉀含量往下修正。當他的體重開始減少,他就多喝一些。一個月量的Soylent配方粉價格,大約是台幣五千元,相較於過去每個月光購買食材和外食就要一萬六左右,這個方法反而比較可以確保營養充足,也比較省時間。萊因哈特透過鼓勵創新的Kickstarter網路集資公司,募集到一百五十萬美元的資金,還從矽谷企業募集到另外一百五十萬美元,來將Soylent推上市。

有一項Soylent帶來的影響,是比較難以用量化表示的:改喝Soylent後,萊因哈特對食物有了不同感受。他覺得自己的腦袋變得比較靈光,也不容易覺得餓了,所以不會再像以前那樣想要吃零食。萊因哈特發現,這樣精確的滿足身體營養所需,讓身體從不斷想吃、欲求不滿的圈圈中跳了出來。它彷彿是一種生物上的重新設定，解決了垃圾食物年代，大家零食吃不停的問題。但問題還是來了，每天吃同樣的東西實在太單調了，雖然不討厭，卻也變成例行公事似的。做完最初的實驗後，萊因哈特還是繼續喝他的Soylent，但是偶爾會讓自己回到過去的飲食，還在Soylent裡加過伏特加。他過去經常吃壽司，但是現在他才終於懂得欣賞壽司細膩的味道和壽司師傅的手藝。只有放棄過後，才會懂得珍惜它。

這波食物再繼續發展下去，等個幾十年，或是更長一點，大概就是虛擬味覺的境界了。新加坡電腦科學家尼梅沙．拉納辛格（Nimesha Ranasinghe）在研究虛擬實境時，總認為它缺了些什麼。以現今的虛擬實境技術，只要戴上高科技的頭戴裝置或特殊手套，就可以讓我們的眼睛、耳朵，甚至皮膚，都感覺自己正處於虛設的數位環境中，像是太空船、外星世界、古羅馬等。但是少了味覺，這個虛擬世界就不是完全的。拉納辛格想看看，溫和的電流是不是可以用來製造味覺，於是他挑了幾個雀巢科學家用的舌頭電極來進行實驗。他設計了「數位棒棒糖」這玩意兒，這個圓球狀的裝置有兩個電極，一個放在舌頭上方，另一個放在舌頭下方。

只要調整電流的強度和頻率，再配合上溫度的改變，就可以直接在舌頭上製造出甜味、鹹味、酸味和苦味的感受（目前還沒有辦法製造出鮮味）。目前的成果還很粗糙，但是拉納辛格打算繼續改良，將來還要製造虛擬香氣，好讓整個虛擬味覺更為完整。他將「味覺」的數位紀錄，轉換成了電腦可以識別的〇與一訊號，放在網路上。任何有電子棒棒糖的人都可以下載這些檔案，試試它們的「味道」。隨著科技進展，將來廚師們或許可以把一整頓飯轉換成數位程式，放上網路來和世界分享。

Soylent和虛擬味覺都把食物和味道當成獨立事件看待，食物的味道或風味或許都只是附加價值，是一種娛樂、藝術，少了它們，好像也不會為我們的身體帶來任何負面後果。但事實真是如此嗎？我們的身體少了味覺真的不要緊嗎？如果說這些都是多餘的，那麼味道的本質又是什麼呢？味覺在工業時代造成不少摧殘，不管我們怎麼樣去彌補傷害，用水沖淡它也好、欺哄我們的感官也好，都沒有辦法得到令人滿意的結果。我們無異陷於一種荒謬的兩難狀態，最後的結果是自我放縱，以及過度沉溺於味道所帶來的一絲危險。

每一道菜、每一口飲料的味道，都會隨著我們的開心、厭惡、痛苦、記憶而改變。味道這種易變的特質，或許可以幫助我們適應像是氣候變遷等造成的飲食改變。

第九章
關於美味的DNA

關於美味的DNA
The DNA of Deliciousness

二〇一〇年的某一天，廚師張大衛（David Chang）想要做一些柴魚（日文寫成「鰹節」，發音是*katsuobushi*），這是日本料理中的經典食材，其中katsuo指的是鰹魚，是鮪魚的一種，ぶし(發音是*bushi*)則是指「一片片」或「刨削下來的東西」。放到海帶芽和豆腐味噌湯裡的柴魚片，會有如玻璃絲帶般卷起。它的味道很難形容，有點像冰島的發酵鯊魚肉（*hákarl*），但是更複雜一點。作法是將一大塊鰹魚先煙燻過，然後加入黴菌，以乾冰包裝，讓黴菌生長，乾了後就刮掉，刮掉後會再長回來，就這樣反反覆覆幾個月。滲入魚肉的黴菌會以魚肉為食，然後釋出一系列芳香分子，這和某些乳酪微妙的氣味有異曲同工之妙。帶有強烈鮮味的胺基酸也在當中蓬勃發展，將各種味道巧妙的調和在一起。最後的成品像是一塊紮實的木頭，外表有藍藍綠綠的黴菌覆蓋，接下來，只要將它刨成薄片就成了。

張大衛很熟悉這種不很穩定的發酵方式，他在紐約開了五家「幸運桃子」（Momofuku）拉麵店，使用的鰹魚都是他自己做的。現在，他來到大小只有兩百五十平方英尺的「幸運桃子美食實驗室」（Momofuku Culinary Lab），抱著好玩的心態，對傳統美食做起實驗。

他和夥伴丹・費爾德（Dan Felder）和丹尼爾・伯恩斯（Daniel Burns）這兩名廚師正在討論，如何改造柴魚的製作程序。他們可以小範圍的調整乾燥和熟成時的加熱強度，或是大刀闊斧改用豬肉取代魚肉。日本人在廚房製作傳統柴魚已經有三百年，這個決定聽起來大逆不道，但是他們打算就這麼做。

以現實情況來考量，用豬肉代替魚肉是有道理的，因為一般用來製作柴魚的鰹魚和藍鰭鮪魚不但價格高，也已捕撈過度。在日本，藍鰭鮪魚非常昂貴，而且數量很少，有時候一尾售價高達一百萬美元。豬肉既便宜，產量又多，甚至可以有機飼養，如果行得通，他們不但成功挑戰了日本傳統，還為大家省了不少錢，對環境的傷害也小。

他們拿了一塊豬里脊，將它蒸熟、煙燻並乾燥，然後放在生的壽司米裡熟成。他們沒有另外加入黴菌，而是讓豬肉裡的微生物自然生長。六個月後，這塊熟成石化的豬肉看起來就像一幅傑克遜・波洛克（Jackson Pollock）的滴畫，綠色、白色、銅色交雜，這在尋常的柴魚製造過程中，是成功的跡象。他們稱成品為「柴豬」（*butabushi*，buta是豬肉的意思）。但是他們正準備嘗試成品的味道時恍然大悟，發現自己犯了個嚴重錯誤。

改用豬肉直覺上是個很合理的做法，但是柴魚的製造其實非常嚴謹，每個步驟都是歷經數百年的嘗試與淬鍊留下來的，只要任何一個元素不一樣了，整個過程都會受到極大的干擾。張大衛和他的廚師並不知道這塊木化豬肉裡，長的究竟是哪一種黴菌。它們可能有毒、會危害大眾健康，就算傷害不大，也可能會汙染廚房裡的其他食材。就算一切都很順利幸運，做出來的柴豬既無毒又好吃，他們還是得面對一個最讓廚師們頭痛的問題：他們不知道怎麼複製它。

自然環境下的微生物種類組合就像雪花片一樣，每一片都獨一無二。每一塊豬肉裡都住著一群獨到的微生物。就算是同一種黴菌，也可能因為溫度、溼度不同，而有不同的表現，以致熟成之後的味道也各異其趣。就算廚師們將所有因素都控制在相同的狀態，也不代表會得到相同的結果。

• • •

早在幾千年前，人們就已經很懂得運用發酵，但對於它的科學基礎，至今我們所知仍然非常有限。最早的紀錄可以追溯到一八五六年，當時三十四歲的路易斯・巴斯德（Louis Pasteur）擔任法國北邊工業重地的里爾科技大學（University of Lille）科學院的院長。有一位從事釀酒的學生家長畢果（Bigo），前來向他請教一個問題：他用甜菜釀造的酒不知道為什麼，都酸掉了。巴斯德過去幫他看了一下，從此就一頭栽入當時最富爭議的科學問題。有些科學界的人認為，促成酒精發酵的不是活酵母，他們認為這個只是個單純的化學反應。另外也有些人認為，酵母是從腐敗的食物或屍體生出來的活的生物。他們稱這個過程為「自然發生」（spontaneous generation）。

巴斯德完全投入畢果帶給他的挑戰。「路易斯……可說整個人都浸泡在甜菜汁裡了，整天都待在釀酒廠。」他的太太、同時也是實驗室助理瑪麗・巴斯德（Marie Pasteur）在寫給公公的信裡這麼說道。他把從釀酒廠拿來的那些發酸的東西做了化學分析，發現其中有乳酸，也就是讓牛奶發酸的物質。他分別從好的酒和壞的酒取了樣本在顯微鏡下觀察，結果好的酒裡布滿了酵母菌，壞的酒裡面缺少酵母菌，但是有一種桿狀微生物繁殖。巴斯德從兩邊各取了一點酒混合，結果桿狀微生物製造了更多的酸，把酵母菌殺光了。

巴斯德從這當中得知了兩個釀酒桶內分別發生什麼事，其中一件是釀酒人想要的：酵母菌可以製造酒精。另一件，基本上就是一種感染。細菌會製造乳酸，這在製作起司或優格時很重要，但對釀酒反而有害。發酵牽扯到了某種生物，它們會消化食物、會繁衍。過去的兩個主流理論都是錯誤的。

巴斯德這趟釀酒廠之旅，可說是現代微生物學的發跡，這門科學研究的是自然界中無所不在的小生物，種類上可以分為細菌、原生動物、藻類，以及包含酵母菌在內的真菌。這件事後，巴斯德決定繼續鑽研微生物的世界，並在許多微生物相關的疾病上有所突破。他建立了我們對細菌和疫苗的現代認知，也因為這樣，許多過去常見的感染疾病，像是小兒麻痺、天花等都逐漸銷聲匿跡，或至少控制得宜，過去一個世紀以來，不知道挽救了多少人的生命。不過儘管巴斯德對釀酒一直極有興趣，甚至寫了《發酵研究：啤酒的病灶，以及它們的病因和預防》（*Studies on Fermentation: The Diseases of Beer, Their Causes, and the Means of Preventing Them*）這本書，但我們對這個領域仍了解得不夠，舉個例子：我們依舊不明白，微生物如何在發酵過程中產生味道。不過因為和那些威脅健康的疾病相比，乳酪製作或啤酒製作背後的生物基礎並非急迫的問題，於是就這麼被大家暫時擱下了。

這也是為什麼，有「幸運桃子實驗室」這類地方是很重要的——它們試著一一拆解傳統技術，來了解當中的道理。世界各地的餐廳都興起了這種美食再造的潮流，現代科技與古老的廚房結合，造就了一個全新領域。

會有這樣的趨勢，首先要歸功於把烹飪視為化學的分子美食學（molecular gastronomy，又譯分子廚藝）。始於一九八〇年代的分子美食學，是法國物理化學家艾維・提斯（Hervé This）和物理學家尼可拉斯・克提（Nicholas Kurti）初創的。提斯藉著十八世紀、十九世紀的食譜、口傳、故事等，收集了許多與烹飪相關的建議，在實驗室裡驗證。他發現，許多古老的智慧其實都有科學根據，他將這些道理稱為「烹飪精確性」（culinary precisions）。

其中一個，是他在法國美食家黑尼葉（Alexandre-Balthazar-Laurent Grimod de La Reynière）於十八世紀寫的書裡讀到的：烤乳豬時，如果一烤完就把豬的頭切掉，烤乳豬的皮就可以維持酥脆。提斯雖然不是很相信，仍決定加以測試。他烤了四隻豬，為了控制實驗的變因，他還選擇同一個農場的同一胎豬來公開實驗。其中兩隻烤完後，立刻就把頭剁下來，並請觀眾來做評審。結果發現，頭先切下來的豬皮果然比較脆。提斯研究了這四隻烤乳豬的肉後，發現了其中的道理：豬剛從火上拿下來時，肉裡會充滿蒸氣，它會讓皮變軟。如果把先把頭剁下來，讓蒸氣散去，豬皮就可以保持香脆的口感了。

提斯在一九九〇年代和二〇〇〇年代集結了一群科學家和廚師，一起研討烹飪的物理化學，以及這樣的科學對我們的味覺，甚至身體、大腦和心智有什麼樣的影響。他們開始對食材本身，以及它們的烹調方式，例如烘烤、燉煮、油炸或微波進行實驗，並以令人驚奇的方式來研發新菜色。他們嘗試以液態氮來做冰淇淋（快速冷卻的冰淇淋質地出奇的均勻細緻）、計算煮水煮蛋的最佳溫度（攝氏六十五度的水，可以煮出蛋白是熟的、但蛋黃依舊滑嫩的水煮蛋）。受到這些研討會的啟發後，這些新潮的廚師也紛紛成立自己的美食實驗室，他們不按傳統搭配食材，就希望能激出新火花。西班牙廚師佛朗・阿德里亞（Ferran Adrià）將芒果汁加入一種藻類提煉的鹽，然後極速冷凍做成球狀，看起來就像蛋黃或魚子醬，或是將帕馬森乳酪拉成像棉花糖般的絲狀。

「吃這件事除了會用到各種感官，也和我們的心智有關，」西班牙加泰隆尼亞地區的鬥牛犬餐廳（el Bulli）的阿德里亞廚師、英國布雷（Bray）肥鴨子餐廳（The Fat Duck）的黑斯頓・布拉門索（Heston Blumenthal）、加州納帕谷（Napa Valley）法式洗衣坊餐廳（The French Laundry）的湯瑪仕・凱勒（Thomas Keller），以及備受尊崇的食品科學作家哈洛德・麥克吉（Harold McGee），一起在二〇〇六年發表這樣的宣言。長八百個字的完整宣言內容信心滿滿，充分展現了大家對二十一世紀美食的企圖心。宣言中還提到，烹調的最高目標，就是為大家帶來快樂與滿足。要達到這目的，唯有完全掌握感官，但是處於這個感官爆炸、資訊膨脹的年代，一般而傳統的烹飪方法已經不再受用。

「將食物準備好端上桌，已經成了一門既複雜又廣泛的表演藝術。為了將食物與烹調的潛力發揮至極致，我們和食品化學家、心理學家、工匠、藝術家（包括各種領域的表演藝術）、建築師、設計師、工業工程師等展開合作。我們相信廚師互相合作並互通有無是重要的事，大家都樂於分享彼此的想法與資訊，也對那些創造新技術與新菜色的人心存感激。」

自從早期人類學會了用火、建立了最初的食譜之後，味道就成了文化上第一個嚴峻的考驗。如今，美味發展的顛峰可說是文化裡最前衛的藝術，也是通往非凡成就之路。創新的神祕本質、複雜的化學反應，以及微生物的生命節奏，讓美食比起藝術、音樂、寫作或拍電影還要來得複雜。另一方面，來自微生物學、遺傳學和神經科學的新工具，也幫助我們更深刻的體會感官經驗，同時也為料理傳統帶來挑戰與復興。

這樣的付出充滿野心，它們的規模顯然要比顛覆食品工業上那些技術要小，不過影響力卻是非凡的，因為它們傳承的，可是來自十九世紀的御用廚房裡的高級料理，以及直接或間接塑造大眾飲食的一流餐廳。茱莉亞・查爾德藉著電視節目，將高級的法國料理介紹給廣大的美國民眾，連鎖餐廳也跟著吸收其中的精華。如果某間廚房實驗室解決了發酵過程中獨特的動力學問題，那麼其他人也會跟進。

「幸運桃子美食實驗室」的廚師沒有因為他們做出的柴豬可能具有潛在的危險，就打退堂鼓。「我們拿失敗配飯吃，」二〇一二年到二〇一四年間擔任實驗室主任的費爾德說道。從錯誤中學習，是破解料理過程的方法之一，我們可以從中學習到每個元素之所以導致成功或失敗的原因。

以柴豬的例子來看，問題出在我們不知道豬肉裡有哪些種類的微生物。費爾德取了些樣本，寄給哈佛大學系統生物學中心的微生物學家瑞秋．達頓（Rachel Dutton）。達頓將這些黴菌加以培養，取出當中的DNA。經過基因定序，並和微生物DNA的資料庫比對後，確定裡頭含有六種黴菌和兩種細菌，不過都是安全的，這讓大家鬆了一口氣。但是有一件事讓達頓想不通，她原本預期裡頭會有米麴菌的，因為這種黴菌在柴魚的製造上，扮演了相當重要的角色。日本料理中常用的米麴，也是在米飯加入米麴菌做成的。達頓發現野生的伯頓柴赤酵母（*Pichia burtonii*）反而占了大多數，這種微生物不管在生肉或煙燻的肉類都不常見。「我們實在不知道它是打哪兒來的，」費爾德說道。「是原本就存在空氣中呢？還是來自廚房？」

我們用「風土條件」（terroir）來指一個地方留在葡萄上的味道，連帶著，葡萄酒裡也會有來自土地、海洋、氣候、風與溼度、土壤化學的印痕。另外，還有來自微生物界的影響，「微生物界」指的是幾乎覆蓋了整個世界的微生物，它們在每個角落、每個季節的分布，都不一樣。也因此，任何發酵製作的食物都有它獨特的風土條件。「幸運桃子實驗室」位在曼哈頓的下城區，由於地理位置的關係，這裡的伯頓柴赤酵母會在食物的味道留下它獨特的印痕。這些研究夥伴起先不知道會是什麼樣的味道；都市裡的微生物製造出來的味道說不定非常可怕。但是當他們嘗了柴豬的味道，發現它的味道竟如此美好，分明是豬肉，卻有柴魚般獨特的煙燻味。

伯頓柴赤酵母菌的發現是個重要的關鍵。利用可以產生味道的伯頓柴赤酵母菌，再加上紐約市的其他微生物，或許「幸運桃子」可以創造出獨一無二的美國版日本料理，而不只是一味的模仿原始的味道。我們的祖先當時花了幾百年，才擁有駕馭微生物的能力，但是以現在的科學技術，只需要幾個月就可以完成了。

製作第一批柴豬或許只是心血來潮，但是費爾德決定要按部就班的來完成這件事。他進行了一系列的實驗，來認識伯頓柴赤酵母菌產生味道的能力，並和原本的米麴菌相比較。但是結果十分令人失望：就像體弱的慢跑者與職業馬拉松選手競賽一樣，伯頓柴赤酵母菌表現得糟糕透頂。在某次試驗中，費爾德分別在豬肉和牛肉植入這兩種黴菌，結果米麴菌製作出來的成品，不論味道、香氣還是質感和一致性都是勝出的。米麴菌做為發酵劑的歷史悠久，它既可靠又可預測，所以很容易便可以複製出相同的味道，更令人驚訝的是，即使是不同的肉類，也不改它的優良特質。再怎麼說，這都是新的嘗試，從這個角度來看，可以算是成功的。但是伯頓柴赤酵母菌落敗，還是令費爾德相當失望。

複製第一批柴豬時，他再度陷入困境，做出來的柴豬味道又不一樣了。「環境不同了，生態系也改變了，所以沒有辦法複製上一回的催化作用，」費爾德說道。「我們只有分離出其中一種微生物，其餘的都還是未知數。」也就是說，第一批柴豬的味道並不光是伯頓柴赤酵母菌產生的，而是它與其他微生物交互作用，多種新陳代謝綜合起來的結果。

雖說失望，卻也是寶貴的新見解。我們從這件事得知，微生物不會那麼容易乖乖就範，還有，關於美食與風味，我們不懂的事還太多了。「我們對區域性微生物的了解還不夠，」費爾德說道，「但是說到創造新的風味元素，我們的潛力是無窮的。」

費爾德持續在微生物圈裡打轉（他把研究成果寫成論文發表，題目為〈定義風土條件：利用當地真菌研究傳統發酵過程〉〔"traditional fermentative processes"〕）。他後來還做了柴雞（味道不錯，但是肉質很糟），並且在歷經多次失敗後，端出了頗為像樣的柴牛（有一點鐵和肝的味道，但質感非常好）。此外他還更換了傳統日本料理中的食材，像是用斯貝爾特小麥（spelt）、烤過的綠色麥子、麥米（farro，一種全麥）、黑麥、大麥或蕎麥等來取代白米，也試過以開心果、腰果、松子、扁豆、鷹嘴豆和紅豆來取代大豆。費爾德做出來的開心果味噌是綠色的。他在這道菜下了許多工夫，現在，這個歷盡千辛萬苦的科學發酵成果，已成了「幸運桃子」的招牌。費爾德用湯匙挖了一點給我嘗嘗，味道真好：濃郁而不膩、樸實卻令人難忘。

• • •

這同時，達頓也把她在微生物的觸角從柴魚延伸到乳酪了。結合兩種、三種，甚至更多種發酵，可以把牛奶中無味的固體部分（凝乳），轉變成味道濃郁的乳酪。這是多種真菌和細菌參與交互作用的結果。「相對來說，乳酪的製造算是簡單的了，」達頓說道。「人類腸道裡的微生物種類少則數百種，多則上千種，但是乳酪裡就只有十種左右。不過也因為參與的微生物種類不多，只要有任何改變，都會在味道上明顯的表現出來。」

她開始和碧玉山農場（Jasper Hill Farm）合作。這個農場位在佛蒙特（Vermont）的格林斯伯羅（Greensboro），以手工製作的傳統乳酪著稱。天還未亮，農場上的工作人員就開始擠牛奶，四十六頭愛爾夏牛（Ayrshire cow）大約可以擠出三百加侖的牛奶。〔1〕接著，將乳酸菌、酵母菌和催熟劑加入還微溫的牛奶中。乳酸菌會將乳糖分解成乳酸，使牛奶會開始變酸。大約五個小時後，再加入凝乳酶將牛奶固化。我去參觀的那天早上，在製作乳酪的史考特・哈勃（Scott Harbour）正將一把刀子浸入牛奶裡，測試裡頭的脂肪是否變成凝乳了。幾分鐘後，大缸裡開始出現閃著亮光的固體了，糊狀半成品散發著酸味，哈勃和一位同仁用手切出一塊，把它移至不鏽鋼檯面。接著，將它放進壓製乳酪的圓筒狀模子，並定時翻轉它們，將水分均勻的擠出來，好讓成品的質地一致。

我帶十二歲的女兒漢娜一起去看乳酪的製作過程。她特別喜歡像乳酪這種細緻而豐富，還帶點鮮味，吃了會讓人心情變好的食物。如果可以，她可能會三餐都吃起司通心粉、烤起司三明治、墨西哥乳酪餅、披薩、撒滿帕瑪森乳酪的義大利起司餃子。除了這些東西，其他東西她幾乎都不吃。我們的小兒科醫師有點擔心她的飲食習慣，我們也開始限制她吃的乳脂食物量，但這麼做只是徒增起司的魅力，「不能吃起司」這件事成了帶有諷刺的笑話。她把「起司」當口頭禪，網路大頭貼則是一塊瑞士乾酪。

碧玉山這邊製作的，是一種叫維尼米爾（Winnimere）的軟乳酪。瀝乾後，將直徑大約五英寸半的固體乳酪條切成小圓輪狀。緊接著下個步驟會在地下室裡進行：製作乳酪的工人用杉樹皮將一個個小圓輪包起。漢娜穿戴上帽子和圍裙後，也開始幫忙用樹皮包這些乳酪，並以黑色橡皮圈固定。樹皮除了可以固定形狀，還會在乳酪表面留下微生物和木頭的氣味。熟成的過程中，這些以青黴菌為主要成員的微生物群，會形成一層帶有香菇味的硬皮。要是過程中不小心被病毒汙染，這層硬皮會變成黃色，並產生一股聞起來像洋蔥的刺鼻酸味。此外，這些黴菌還會和乳酪內部的乳酸菌交互作用，由於每一個點的微生物組成都不同，製作完成後嘗起來的味道也會不一樣。

帶點粉紅色和橙色的光澤，是維尼米爾乳酪的招牌特色，讓人在眾多乳酪中，一眼就認出它來。達頓想找出那些顏色在生物學上是否有任何意義。她用的技術很簡單：把乳酪放在培養皿中培養，觀察它們的表現。當她打開培養皿的蓋子，一股刺鼻的臭味傳了出來，但是裡面沒有乳酪。她帶我們進到儲藏實驗乳酪的冷房，一塊塊的小乳酪整齊的擺放在塑膠容器中，裡頭加了各種黴菌和細菌組合。其中有一個，放的是鮮綠色的青黴菌和土壤中常見的黃色節桿菌（*Arthrobacter*）。達頓把那個容器翻轉過來，節桿菌散發出鮮豔的粉紅色，一旁還有一種身分有待確認的黴菌。

「我們想要知道節桿菌製造的是什麼樣的色素，還有，為什麼要製造這些色素。

1〔編註〕美制一加侖約為三・八公升。

它們有什麼功用嗎?是為了破壞生長在它旁邊的那些黴菌嗎?或只是一般的保護反應呢?」她說道。

有些微生物種類為了求生存，會和其他物種形成互利共生的關係，或是競爭關係，兩者都可能會讓微生物製造出特殊的色素和味道。了解這些關係後，我們可以在製作乳酪時對微生物進行小幅調整，讓乳酪在色澤和味道上都更好。但事情不是這麼容易。即使是我們已經認識的微生物，它和環境間的互動也有許多我們未知之處，就像還沒被辨識出來的伯頓柴赤酵母一樣。或許是牛隻吃的草，或許是老舊倉庫的空氣裡跑進了什麼微生物。這使得每一批乳酪的製作都存在著隨機性。碧玉山打算利用達頓在「幸運桃子」使用的方法，先找出當地的黴菌和細菌。大部分的美國乳酪業者使用的菌種，都是取自歐洲，找出在地的微生物群系，可以為他們發展出具有佛蒙特特有風土條件的乳酪。

想要維持這樣的風土條件，只能容許特定的微生物繁衍興盛，因此熟成過程必須非常謹慎。負責監控這個系統的柔伊．布克里（Zoe Brickley）帶我們來到碧玉山的儲藏室，那是七個由同一軸心往不同方向挖出來的洞穴。天然的低溫和溼度，讓碧玉山的乳酪製造者有幾個星期到幾個月的時間，只需要微幅調整環境，就可以醞釀出最好的味道。這裡的溫度控制在華氏四十九到五十三度之間（約攝氏九．四至十一．六度），溼度則維持在百分之九十八左右。

一輪輪的巧達起司直徑十八英寸，厚度六英寸，用布包起後，層層疊放在高高的架子上。剛成形的乳酪會先以麻布纏起，接著上面和底部還會放上圓形的布，並且上蠟。這麼做可以防止乳酪變乾，也為黴菌提供新居所。接下來幾個月，持續繁衍的黴菌會讓乳酪變得蓬鬆。塵蟎會在蠟上留下孔洞，讓麻布暴露到空氣中，這麼一來，反而有助於維持溼度平衡。這些乳酪得經過大約一年才會成熟，架上這些乳酪的年齡在全新到十三個月之間。

溼潤沉重的空氣中，夾雜著阿摩尼亞和塵蟎散發出來的氣味。乳酪的味道就這麼一點一滴的醞釀累積，每塊乳酪都有它獨特的軌跡。布克里拿了個取樣的小工具，穿到這一大塊乳酪的底部後，挖出一點乳酪。這乳酪的味道和那些大量製造的乳酪很不一樣，不帶一點兒苦味或硫磺味，有的只是甜味和鮮味。不過這一塊乳酪太容易碎了，這不是好跡象。「沙沙的，很容易就散了，」布克里說道，「我不認為之後會好轉。」這塊乳酪裡的細菌製造太多酸，把發酵搞砸了，裡頭那些可以讓乳酪滑順的鈣質等礦物質的量，也都減少了。相鄰的那塊乳酪熟成時間不過短了一個星期，但完全不一樣；就像文明自成一體一樣，每塊乳酪裡的微生物群系，也有各自的興衰存亡。這塊乳酪很滑順，還帶點鳳梨味，但仍然少了點什麼。「不夠濃郁，」她說道。「我覺得可以再濃一點。我想像像湯汁一樣，白味噌是最淡的，再來是雞肉湯、豬肉湯，最後是紅肉煮出來的湯汁。」

碧玉山是由安迪・凱勒（Andy Kehler）和馬提歐・凱勒（Mateo Kehler）這對兄弟創立的。兩兄弟原本學的都是永續農業，但是後來把焦點轉到了美味的微生物生態學。一邊要顧及大腦的快樂中樞網路，另一邊是黴菌和細菌間的爭戰，兩者捉摸不定的程度不相上下。「一天晚上，我和我六歲大的兒子聊了一下，因為他愈來愈挑食了，」安迪・凱勒告訴我。「他說，『爸爸，我長大要寫一本書講最好吃的東西！』」這是在他吃了幾顆加了芥末的酸豆後說的。他的好吃絕對不會是豬排、馬鈴薯，或是前天晚上的美味香菇，而是酸豆。」

美味是件很難說的事。每個廚師都想要創造美味，每個人也都想要品嘗美味。我們可以把它大略定義為食材、烹調技巧、展現方式，以及一同享用的同伴共同創造的味道，並非單一元素就可以決定的。美味不只是好吃而已；調味料也很好吃，但是稱不上美味。就像食品業者發現的，它還要一點複雜性、一點對比，利用不同的口味、香味和質感，來刺激我們的大腦快樂中樞，挑逗我們的感官，而不是那種四平八穩的感覺。

這波烹飪科學浪潮的目標，是希望以工程的方式，把美味製造出來。碧玉山的工作人員會試吃自己製作的乳酪，並且寫下非常詳盡的試吃結果。他們受過訓練的味蕾通常可以達到共識，只有在接近完美時，大家才會有比較明顯的爭議。為了找出其中的原因，他們決定利用數據找答案。他們收集資料，並把數據繪製成圖表，就像 Opertech 在費城實驗室以大鼠做實驗一樣。

他們把所有的評比整合成「好吃指數」（Deliciousness Factor），簡稱 DF。從一到十，滿分是十分，表示該起司好吃到極點，但這很少見。七分表示很不錯；六分和五分表示有些缺點。他們還會利用數據來分析有缺陷的部分，並針對乳酪的質感、甜度、鹹度、外皮的狀態，以及熟成的軌跡做出「蜘蛛圖」（Spider graphs）。在蜘蛛圖上，乳酪的每一種特性會沿著同一個主軸往外延伸，連接這些每一個特性後得到的圖形愈大、愈圓，表示那塊乳酪的品質愈好。如果有某些特性特別差，那麼畫出來的圖稜角就會比較明顯。情況最糟時，所有的角都會靠近中心，看起來就像個黑洞。

美味這樣微妙的感受竟然可以精確的量化，乍聽之下有點不可思議，但是在這個數位化的時代裡，世界就像是行為模式決定數據的累積。將乳酪的味道畫成圖，就可以找出它們的問題出在哪，究竟是熟成過程有缺失、有微生物破壞，或是溼度異常等。如果所有食譜，或者所有料理都可以像這樣被拆解開來，然後利用無所不能的數位魔法來揭露它們蘊含的動力學，會是什麼樣的景況呢？

一份好的食譜取決於食材之間的關係，這包括一起烹煮後的化學互動與改變，還有味道上的結合。但是，就像沒有定性的微生物新陳代謝一樣，食譜也是科學上的黑盒子。有些基本原則是我們已經確知的，像是梅納反應告訴我們，東西煮得稍微有點焦黃色，會更有味道。但是還有許多食譜背後的化學原理，我們依舊不明白。這波分子美食運動的成員之一尼可拉斯．克提曾說：「我們連金星上的溫度都可以測量到了，但卻連奶酥是怎麼一回事都搞不清楚，這真是文明上的一大憾事。」

物理與電腦科學家安庸烈（Yong-Yeol Ahn）曾經寫過新陳代謝的電腦程式，並做過推特社交網站動力學的電腦模擬，後來才把重心轉到食物上。這些主題看似毫不相干，但都是由數百萬個小零件組合成的複雜系統，都是依著可分析、了解的共通原則進行的。

就像噁心一樣，好吃的定義，也會隨著一個地方的文化和傳統不同，而有所有差別。有些食物就是沒辦法受到其他地方歡迎。以乳酪為例，發源於土耳其的乳酪西進後，很快就被大家接受了，但一直沒有獲得亞洲人的青睞。同樣的，有些東方人認為的美食，像是燕窩之類，也很難被西方人的味蕾接受。不過與其說是通則，還不如說這樣的食物是例外；大家出國時，不管去到哪裡，幾乎都能找到自己喜歡的異國料理，也就是說，有些食材的組合在各種時空背景下，都是合宜的。天文物理學家可能會想要研究掌控空間與時間結構的基礎力量，安庸烈則是希望找出隱藏在各種料理間的共同點與相異點。

他估算了一下，世界上大約有一千兆個食譜〔2〕，雖說他只在網路等資料庫上找到幾百萬個。這代表大部分的菜餚都未被深究過，或許，將來也會有被揭露的一天。

安庸烈埋首世界各地的食譜，建立了一個含有三百八十一個基本食材與一〇二一個味道的資料庫。這些數字不是很大，但數量不是重點，重點是它們之間的關聯。兩個人之間只能連起一條電話線，四個人之間會有六條連線；十個人的話，就有四十五條連線。為了建立這些食材間的連線，他探討了它們共同的化學組成：有些關係非常近，有些則像遠房親戚。藉著這些結果，他將各種食材之間的關係量化，並在虛擬的三度空間中，畫出它們之間的連結。

在二度空間裡，這張世界美味偏好圖看起來就像銀河系。每個點都代表一種食材，點愈大代表它愈重要，位置愈近的食材關係也愈近，不相關的食材距離則較遠。

這些圖將歷史造就出來的美味差異突顯出來了。西歐和北美洲料理比較傾向使用單

2〔編註〕一千兆為十的十五次方。

一味道，所以經常把味道相近的食材搭在一起，例如蛋、奶油和香草。東亞和南歐料理則喜歡把對比強烈、化學上相異的食材搭在一起，例如蒜頭、醬油和白米。來自東亞、拉丁美洲和南歐的料理有重疊的情形，這三種料理都使用了大量蒜頭，並搭配洋蔥、番茄和紅椒使用。它們和西歐料理或北美洲料理完全沒有共同元素。

「食物配對」（Foodpairing）這家比利時公司，就是基於這種配對的想法設立的。這家公司的創辦人伯納德．拉烏斯（Bernard Lahousse）表示，這個靈感來自英國肥鴨子餐廳的大老闆黑斯頓．布拉門索。一九九〇年代，布拉門索就曾和物理學家、化學家和調味師們一起開會，向他們請教菜單設計的建議。某天，他拜訪了位於日內瓦的芬美意（Firmenich）香料公司，該公司實驗室裡的一位科學家發現，肝臟中的某種化學成分也出現在花的香氣中，在茉莉花尤其明顯。當茉莉花的香氣濃厚到某個程度，就會有點肉的味道，或許是要吸引昆蟲的緣故。回到餐廳後，布拉門索設計了「鵝肝醬佐茉莉花醬」這道菜餚。之後他一時興起，又將巧克力和魚子醬結合，效果也非常好。事後他在實驗室中，發現這兩者都含有高濃度的胺（amines），這種尚未完全分解的蛋白質可以釋放出濃郁而複雜的香味。

拉烏斯原本受的是藥學工程師的訓練，在二〇〇〇年代早期，他開始對食物中的生物化學產生濃厚興趣。「我會主動去找廚師，毛遂自薦。我告訴他們『我是科學家，有沒有我幫得上忙的地方？』」他曾經和幾位廚師一起改良食譜，對於他們的工作效率之低感到非常不可思議。「佛朗・阿德里亞可以把鬥牛犬餐廳關起來六個月，在那段時間內嘗試數千種組合，然後期許有一個會成功。但是大部分的廚師都沒有這種本錢。」（因為他們不是明星廚師，所以必須馬不停蹄的工作，以維持餐廳的營運。）

拉烏斯將水果、蔬菜、巧克力、蚵、牛肉、咖啡、醋、酒等食材的內含物，全都拆解了。接著他建立了一個資料庫，並寫了可以辨認芳香化合物的程式。繪製成圖後，這個計算程式得到的結果和安庸烈的頗為相像。性質相近的食物會搭配在一起不讓人意外，但有些組合則是大家料想不到的，像是蚵仔居然和奇異果和百香果很搭，小香瓜可以配黑巧克力，白巧克力可以配醬油。除了替餐廳和食品公司分析特定的食物配對來獲利，拉烏斯也在網路上公開了上千幅香料樹狀圖，讓廚師、調酒師、家庭主婦等自由使用，從中獲得靈感。他把味道、質感和顏色都列入考慮，大大提升了食物的複雜度。

繼二〇一一年，電腦華生（Watson）在益智問答節目《危險邊緣》（*Jeopardy!*）打敗人類之後，它的主人IBM公司又替它找到一個發揮認知能力的領域了。

華生成了第一位虛擬大廚。這個系統與安庸烈和拉烏斯的資料搜尋系統很類似，目的都是要尋找適合的食材組合，然後借助科學訊息來推測它們在現實生活中的味道。但是華生的能力有限，它沒有辦法像真正的廚師一樣，在烹煮過程出錯時立即察覺，然後想辦法修正。為了解決這個問題，ＩＢＭ的工程師和來自紐約烹飪學院（Institute of Culinary Education）的廚師們合作。這些廚師會提出像是瑞士式泰國蘆筍蛋餅、澳洲巧克力墨西哥卷餅，或是比利時培根布丁等菜色，然後大家一起修改這道菜的做法、分析背後的電腦程式；結合了電腦工程和抽象推理，加上人類的經驗、直覺和靈感，這一回，人類和機械成了創造新口味的夥伴。

• • •

鮮味，是將許多食物配對結合起來的重要元素，它可以在不同的味道和氣味間形成協同效應，同時幫原本味道較淡的食材提味，像是讓乳酪裡的苦味和酸味融合，也讓雞湯別具風味。食品公司想找的，就是具有這種特質的食材，而不是像味精一樣的化學替代品，並且希望用它做為全能調味料，甚至取代鹽巴。目前只在亞洲料理中被提及的鮮味，仍是個有待鑽研的味道，竟然就得一肩扛起所有美味問題。儘管它的味道難以捉摸，但是科學已經領教過它的功力。就基本味道來說，鮮味和甜味很相似，都是衝著大腦的快樂中樞而來。過去這十年，西方料理也開始受到鮮味影響，味覺圖也跟著改變了。

鮮味是一直到一九〇七年才確認出來的基本味道，當時東京帝國大學（Tokyo Imperial University）的化學家池田菊苗發現，他午餐常喝的海帶湯（乾海帶和柴魚熬煮而成）裡，存在著一種神祕而特別的味道，可以讓整個湯裡的所有味道更和諧。於是，他買了二十五磅重的乾海帶，打算把這個味道從中分離出來。

他將海帶切細熬煮，然後以各種方式蒸餾，最後得到了麩胺酸（glutamate）沉澱。這是一種胺基酸鹽類，也是組成蛋白質的一種基本結構。池田將他的發現在某個日文期刊上發表，因為是日文，所以在西方沒有受到太大的關注。一直又過了九十年，鮮味受體才被確認。二〇〇五年，亞當·弗萊士曼（Adam Fleischman）吃著加州地區知名漢堡連鎖店 In-N-Out Burger 的漢堡，裡頭夾了厚厚的肉排。這時，他的腦海突然出現了「鮮味」這個字眼，乍聽之下頗有異國風味，和他口裡的食物不大相干，但漢堡裡充滿了鮮味卻是千真萬確的事。

弗萊士曼是洛杉磯酒瓶磐石（BottleRock）酒吧和維特泰克（Vinoteque）酒吧的合夥人，他曾在美食圈裡聽過「鮮味」，也在黑斯頓·布拉門索等廚師的食譜上讀過，大家都在嘗試把鮮味融入他們的美食創作中。「我想知道是什麼東西讓漢堡、披薩這麼讓人無法抗拒，」他說道。「把漢堡、披薩和另外九種食物擺在一塊供人選擇，漢堡和披薩獲選的機率高達八成以上。」鮮味是它們共同的元素。弗萊士曼決定做出更具鮮味的漢堡。

他去了聖塔莫尼卡（Santa Monica，位於加州）的一家日式超市，買了一大堆醬油、味噌、魚露、昆布之類高鮮食材。回到廚房，他花了幾個小時將它們煮爛、混進牛絞肉和豬絞肉，再加入帕瑪森乳酪等同樣也是高鮮味的食材。根據他的說法，他那天晚上做出了「鮮味漢堡」。

接著，弗萊士曼賣掉了他在酒吧的股份，把錢拿去開了一家餐廳。他的時機很對，那是鮮味起飛的時代。雖說鮮味已經緩緩進入了我們的飲食文化，但說到「幸運桃子實驗室」之類的團體，絕大多數的人是未有所聞的。所幸，弗萊士曼所處的，是這波新潮流的全盛時期，有愈來愈多喜愛烹飪的人跟上了這股潮流。「現今的對象比起十年前要精明多了，有很多人在留意這些發展，他們知道廚藝界有哪些新鮮事，更對這些事充滿好奇，」他說道。「他們也想要知道作法。」

鮮味成了一種思想、一個品牌，就像「可樂」一樣，在大腦的味道認知能力上占了一席之地。這個詞代表某種神祕、豐富而迷人的東西。理論上，表示基本味道的字應該屬於一般用詞，所以美國專利與商標局（US Patent and Trademark Office）對於是否要規範這個字的使用，考慮了一番。最後，弗萊士曼還是成功取得使用「鮮味餐廳」（umami café）和「鮮味漢堡」的權利，也沒有其他人和他搶這個名稱。

好吃和新奇果然是致勝的組合：五年下來，弗萊士曼已經開了二十家餐廳，地點遍及洛杉磯、舊金山、紐約和邁阿密。他的目標是一百五十間店。「我們希望拓展到全世界，」他說，「但不是像麥當勞那樣隨處可見的店，可能一個城市開個三家之類。」你現在可以買到他們家的調味料、醬汁、T恤等商品。除了漢堡店，他還開了一家讓客人客製化披薩的披薩店。

標準的鮮味漢堡有八種主要材料：牛肉、帕瑪森乳酪、番茄、香菇、炒過的洋蔥、鮮味醬、鮮味粉和番茄醬。但它不是單純只有鮮味，而是包覆了整個味蕾的感受，卻沒有絲毫油膩。鮮味的表現頗為溫和，還保留了一些空間給其他味道。「如果整個都是鮮味，味道也不會太好，」弗萊士曼說道。「沒有人會只吃昆布，或是光吃鯷魚，但是大家確實喜歡在食物添加點鮮味，像是肉醬裡加點鯷魚之類。這是一門科學，重點是要找到平衡，讓它可以和其他食材互搭。」

鮮味漢堡和二十一世紀的多數美食原則不大一樣。鮮味講求的是和諧，而不是對比；是慰藉，而不是刺激。鮮味漢堡可以讓這些特質提升兩倍、三倍、四倍。弗萊士曼表示，漢堡不是重點，這裡的漢堡和其他漢堡有點不一樣。它只是一個大家熟知的工具，我們希望藉著它，帶領大家來一趟鮮味之旅。

在大廚師、美食家、食品公司的欺哄與誘惑之下，我們的食物選擇太多、對比太強、刺激太大、好吃過頭，以致於大家漸漸失去了對個別味道的鑑賞能力。里歐・雷夫・西卡茲（Lior Lev Secarz）在紐約開了一家店，專門販售他親自調製的香料和香料餅乾，店名叫盒子（La Boîte）。美國人的品味太教他失望了，一回，一位經常出差到日本的朋友告訴他，每次到日本，他都得花上三天來清除美國食物殘存在口中的味覺大轟炸，在那之後，味蕾才有辦法好好品味像是壽司之類，口味清淡而細膩的食物。

「我們喝汽水、烈酒、咖啡，吃辛辣的食物、酸性的食物，」西卡茲說道。「我們的舌頭、味蕾都被破壞了。在美國，如果我精心煮了道清湯，裡面放了一片生鰹魚和一些檸檬草，吃的人肯定會問：『有辣椒醬或A1醬嗎？』因為我們已經無法品嘗東西原本的味道了。〔3〕但是在日本，大家可能覺得，沒有什麼東西比這道湯的味道更豐富的了。」

在以機器和分子反應掛帥的現今廚藝世界，西卡茲是個異數。他使用的工具只有研缽、碗、量杯，然後憑著他的味覺和直覺，以我們已經使用幾千年的香料來創造出新味道。「在當今的烹飪工業中，很難有什麼獨特的表現，」他這麼說，「可以做的事都有人做過了，現在大家逐漸明白，我們不需要發明什麼新東西，也不需要更多絢麗的火花，只要誠懇的以最好的食材，做出好味道的食物，那就是你的個人風格了。」

他位在曼哈頓區的這家店，聞起來就像絲路上的中世紀市集，充斥著辣椒和香菜等香料的味道，客人們只要隨著香氣就可以找到這家店。店裡賣的香料不需要試吃，通常只要稍微聞一下味道就夠了。

這家店早上不營業，店裡只有西卡茲一個人，他會花些時間上網，搜尋材料的價格和市場。他使用的香料來自世界各地。「香料屬於農產品，」他說道。「世界某個角落的某個人花了很長的時間照料它們，我們才能享受成果，但有些年的收成好，有些年的收成差。」有時可能會因為天然災害、社會動盪，或是其他經濟因素，造成短收。像敘利亞內戰，就讓他無法從那邊取得品質最好的孜然，逼得他只好另外想辦法。他最喜歡的香菜是印度香菜，但印度香菜幾乎都用來應付內需，因此他只好退而求其次，改使用加拿大的香菜。

3〔編註〕美國人經常用A1醬沾牛排吃。

在搭配這些香料前，自己得先有初步的想法。有時，這個想法是來自某個特殊需求，偶爾，他也會根據某個他發現的新食材來研發新配方。他會先把他認為可行的材料寫下來（一般來說，一個配方可以包含九到二十三種香料；平均大約是十三種）。接著，針對每一種香料做考量，想像它們之間會形成什麼樣的交互作用，連混起來後的顏色都要考量。有時用炒的、有時用烤的，有時把它們一起磨碎。磨成細粉的香料可以立即嘗到它的味道，顆粒粗的香料則需要咀嚼，讓香味一波接一波釋放出來。初步混合出來的香料還得經過一系列的試驗：「包括聞它的味道、摸它的觸感，然後煮過、煎過、烤箱烤、火烤、做成喝的等。」

他有個配方取名「微風」（Breeze），裡面加了檸檬和八角，它可以讓再平常不過的吳郭魚也令人讚嘆。他做的餅乾也一樣好吃，「達麗亞」（Daria）是加了柳橙、咖哩和黑巧克力的餅乾；「沙漠玫瑰」（Desert Rose）裡有芝麻、含鹽奶油、玫瑰花蕾和小豆蔻，吃起來有種綠洲的感覺。由於長期鑽研香料，西卡茲發現了不少寶貴的祕密，像是「放一粒胡椒到嘴巴裡，把它咬破，然後喝一口咖啡，」他說道，「感覺像是咖啡裡放了兩個糖包，或是一茶匙糖一樣。」

• • •

在各種美食場所中，酒吧可說是科技與傳統競爭最激烈的地方。求新求變的雞尾酒技藝，讓酒吧儼然成為研究味道的化學實驗室，但是曼哈頓下城的布克和達克斯酒吧（Booker and Dax）老闆大衛．阿諾（Dave Arnold）不打算隨波逐流，不想追求那些後分子美食學的陳詞濫調，幹那種用液態氮將飲料和水果快速冷凍之類的事。雖然他的餐廳外也有一桶液態氮，看起來就像酒吧的哨兵，但對他來說，那只是工具，不是重點。「我們希望做出來的飲料看起來就是飲料。確實會想要改變一些我們在酒吧後台製作雞尾酒的方式，但不打算完全顛覆大家對雞尾酒的印象，」他說。「所以我們的雞尾酒裡沒有冷凍小球，也沒有泡沫高疊之類的噱頭。我認為那些東西都是一時的流行，我相信一般人也沒想要改變他們喝酒的方式，他們只是想要在原本熟悉的東西裡，來點小小的驚喜。」

阿諾是廚師、飲料調配家，也是個通才（布克和達克斯是阿諾的兩個兒子的名字，這家酒吧也是「幸運桃子」企業的一分子），他擁有耶魯大學哲學學士學位，和哥倫比亞大學藝術碩士學位，但沒有受過專業烹飪訓練。不過，因著他的聰明才智與多方涉獵，已經逐漸在這個領域拔得頭籌。他是紐約國際烹飪中心（International Culinary Center in New

York）的第一任科技主任，這是因為他對離心機、真空乾燥機和熱循環機的執著，才設立的職位。他是飲食博物館（Museum of Food and Drink）的創始人，他們的目標是要創造像史密森尼學會一樣的博物館。二〇一三年，他們辦了個小型展覽，展覽內容包括一部功能依舊正常的老式膨化鎗（puffing gun），這是一台二十世紀早期用來爆燕麥穀物的機器。他同時也是網路廣播節目《關於烹飪》（*Cooking Issues*）的主持人。

有一天晚上，布克和達克斯的菜單，出現了一種用龍舌蘭酒、黃色茶特酒（chartreuse）、君度甜酒（Cointreau）和檸檬汁做成的瑪格麗特；味道和傳統瑪格麗特的鹹、甜、酸味相比，是既豐富、又清爽。他還調了一種琴酒加葡萄柚汁的雞尾酒，葡萄柚汁是先放入離心機離心，然後只使用上層澄清的部分。另外一種叫「穩贏」（Sure Bet）的雞尾酒裡有蘭姆酒、黑莓酒（一種用黑醋栗釀造的酒）、杏仁糖漿、檸檬和蛋白，但是主要成分其實是薰衣草。「如果你喜歡薰衣草，一定會愛上它，」菜單上這麼寫道。

阿諾說，他和調酒師一直爭論著「穩贏」的味道會不會太過頭。他們用裝黛貴麗（daiquiri）的雞尾酒杯來裝它〔4〕，酒的顏色是有點粉紫的薰衣草色，上面有一點點泡沫，聞起來有微微的香皂味。事實上，它看起來就像是一杯不折不扣的肥皂水。「在討論過程中，我認為這杯飲料還挺面面俱到的，它非常精緻、味道也很好。我們也沒有必要迎合所有人的口味，」阿諾說道。怕喝起來「像是在舔媽媽的浴缸一樣」的人，建議先看一下成分。

起初，薰衣草的氣味讓人覺得有點突兀，但喝起來的味道溫和多了。淺嘗後滋味更是奧妙複雜，彷彿舞台上的布幕緩緩升起一樣，杏仁味也抵消了檸檬的苦澀。一開始以為會很噁心的東西，逐漸變得活潑生動。為什麼大家會覺得新鮮奇特的東西好吃，對此阿諾百思不解。「每個飲食文化在它的登峰造極之處，經常會出現些怪異的味道，像是發酵過的、苦的，複雜的、帶著衝突的，」他說道，「這是什麼道理？我也不懂，不過似乎是放諸四海皆準的原則。」碳化其實是一種發酵過程出錯的跡象，然而我們卻深受它吸引。沒有人會想吃發臭的東西，但偏偏有人就獨愛那聞起來比髒衣服還要臭的乳酪。

•••

經過工程改造後，許多食物都變得乏味了，特別是水果和蔬菜。超級市場裡的番茄，

4〔編註〕黛貴麗是一種以蘭姆酒為基底的雞尾酒。

是為了要在超市裡擺起來好看才培育出來的，它們的顏色鮮紅欲滴、形狀圓鼓鼓的，人見人愛，摸起來非常結實，即使運送過程長途跋涉，也可以保有最佳外形。不過這樣的番茄並不好吃。為了符合市場與農人們的需求，那些繁複的味道都在培育的過程中消失了。

「追根究柢，核心問題在於，我們願意付多少錢給這些栽種蔬果的農人。在目前的條件下所建立的系統裡，農人和消費者之間的關係跟味道無關，沒有人會去在意種出來的番茄好不好吃，」佛羅里達大學的園藝系教授哈利・基立（Harry Klee）說道。基立想要先了解番茄在過去這個世紀的歷史，然後試著以科學方法，來重建過去那簡單的時光裡，屬於大自然的味道。

基立找遍了各市場和網路，希望找到帶有古早味的番茄，但是光找到它們還不夠，這些番茄還必須容易種植、運送、販賣，才能成為既好吃又受歡迎的番茄。基立表示，在考慮了各種品種和味道後，他們已經將目標鎖定在幾種味道好、栽種起來費用又不高的番茄。

他和他的夥伴總共收集了兩百多種古早味番茄，接著萃取出它們的ＤＮＡ，進行基因組定序。然後，他們請自願者品嘗，再根據各個味道特質，找出相對應的基因。另外，他們也拿傳統番茄與那些大量生產的番茄比較，希望找出我們遺失了哪些東西，又該怎麼恢復它們。「我們距離能夠生產大量味美、一公斤只要一百塊錢的傳統番茄，還有很長的一段路得走，」基立說道。不過，如果他的案例成功了，就代表著這門關於味道的科學不只能拿來創造流行、引爆風潮，而是有實質用處的。

相反的，葡萄酒就從來沒有像番茄這樣大量生產後導致的問題。因著傳統、法律、規範等種種因素，它們可以歷經幾個世紀的時間，味道始終如一。產區標示制度其實就是風土條件的道理，只不過它只著重管理地理位置。在法國，用來釀造蘇維翁白酒的一定是波爾多葡萄，香檳的產地一定是香檳。不過，發明這套系統的人沒有把氣候一併列入考慮，但它對東西的味道也有著莫大的影響。

過去五十年來，法國酒鄉的平均氣溫上升了華氏四・五度（約攝氏二・五度），風土條件早就因而不同了，絕大多數的酒喝起來，味道也和以前不一樣了。熱會加快葡萄成熟的速度，也會使葡萄製造比較多糖，讓最後釀造出來的葡萄酒酒精濃度提高，味道更強烈。乍看之下這是件好事，不過有人推測，到了二〇五〇年，波爾多的氣候將會熱到無法種植蘇維翁葡萄。整個釀酒工業恐怕都得往北移動，將過去孕育它們的那一片土地拋諸腦後。新種植地點的風土條件肯定截然不同。在加拿大的安大略省，就有一處新的葡萄種植區，冬天，藤蔓都覆蓋在白雪之下，萬一在生長季節遇到寒害，農夫們會升起火，用大電扇將煙往葡萄樹吹。這裡的果園主人可是巴不得全球暖化再加劇一點。

所有料理，都受到了這種不可逆的全球性改變影響，目前還沒有任何神奇的科技力量攔得住它。二〇一一年，哥本哈根的北歐食品實驗室（Nordic Food Lab）舉辦了一場討論未來食物的研討會，會中提供了活螞蟻、蜜蜂幼蟲加美乃滋、蚱蜢和蠟蛾幼蟲發酵做成的魚露，給大家品嘗。有些與會者完全不買帳，但是也有不少人覺得蟲子做的食物還滿好吃的。這個由丹麥知名主廚雷內．瑞哲皮（René Redzepi）創辦的實驗室，將生態價值與烹飪藝術完全結合。昆蟲料理是個頗前瞻的做法，它們含有豐富的蛋白質、維生素等營養素，是個尚未被開發的食物來源，不管是捕捉或飼養，對環境的衝擊都遠低於飼養牛隻、豬、雞等。隨著世界逐漸暖化，旱災等環境災難隨之而到，哪天我們或許會變成不得不吃昆蟲。

一大難題是：如何讓它變得好吃？怎麼樣做，才能讓一般人感到噁心的東西變得色香味俱全呢？世上把昆蟲當做食物的社會不少，但要在沒有這種習慣的歐洲和美洲推廣吃蟲，難度多高可想而知。北歐實驗室的研發部主任班．瑞德（Ben Reade）和研究人員喬希．伊凡斯（Josh Evans）特地為此去了一趟澳洲，在那裡品嘗了一種腹部裡儲存了蜂蜜的蜜罐蟻[5]，也去了烏干達，在那裡吃了炸蟋蟀、番茄、洋蔥和辣椒做成的午餐。在搜集了各地的昆蟲料理食譜後，他們回到哥本哈根做實驗，並聘請了廚師、科學家，和人類文化學家等共同諮商。

現在，不管那一門科學似乎都可以和味覺扯上關係，而且來自廚房外的人，說話還經常比來自廚房內的人大聲。不過，廚師、廚匠們還是有他們無可取代的地位，關於美味，至今仍然沒有人可以了解透徹。科學至今還是沒有辦法解釋，為什麼味覺會受到人的各種經驗牽引，每一道菜、每一口飲料的味道都會隨著我們的開心、厭惡、痛苦、記憶而改變。味道這種易變的特質，或許可以幫助我們適應像是氣候變遷等造成的飲食改變，或是讓我們適應生物工程發展出來的未來食物。雖說神經科學家可以鎖定發出訊號的神經細胞、荷爾蒙訊息等，但是得到的結果都還很粗淺。我們可以利用功能性磁振造影來摸索味道、感覺和情緒間的關聯，將思想和行為系統做初步的連結，科學家在這方面的工作，才剛要起步而已。

5〔編註〕蜜罐蟻社會中的貯蜜蟻會用腹部儲存花蜜，牠們半透明的腹部會因此鼓得圓圓的，甚至達葡萄般的大小。儲存下來的花蜜可供蟻群在食物短缺時食用，貯蜜蟻以外的蜜罐蟻可以藉觸鬚溝通，讓貯蜜蟻張開嘴巴，取食花蜜。當地人將這種蟻視為美食。

致謝 Acknowledgments

每一本書，都源自一個小小的想法，然後開始收集契機、支持和協助，一路跌跌撞撞，直到集結成書。

我要感謝我的太太翠希・克雷（Trish Clay）、我的孩子馬修和漢娜。謝謝他們提供這本書的靈感，也謝謝他們在我研究、寫這本書這幾個月，從不間斷的支持著我。謝謝我的母親德雷莎・麥可奎（Theresa McQuaid），她在我寫這本書的期間過世了，但她一輩子給我愛與鼓勵，一直到現在我還受用不盡。謝謝我的經紀人克麗絲・達爾（Kris Dahl）的慧眼，幫我把想法變成了一本書。康士坦斯・瓊斯（Constance Jones）和諾曼・歐德（Norman Oder）對這本書的呈現，提供了寶貴的意見。感謝柯林・哈里遜（Colin Harrison）對我的信心，督促我完成這本書。莉絲・梅爾（Liese Mayer）不知道怎麼辦到的，竟可以把一堆亂七八糟，而且笨拙的稿子變成大家讀得懂的東西。我也要向 Scribner 出版社的其他工作同仁，包括威爾・史塔霍（Will Staehle）和班哲明・福致上敬意。

有多位科學家、廚師等，都耐心的花時間為我解釋他們複雜的研究內容和觀點，這些人包括大衛・阿諾、肯特・伯瑞基、柔伊・布里克、愛德・柯里、丹尼斯・德雷納（Dennis Drayna）、瑞秋・達頓、丹・費爾德、凱爾・帕莫、丹妮爾・里德（Danielle Reed）、尼克・里巴（Nick Ryba）、里歐・雷夫・西卡茲和高登・謝波德（Gordon Shepherd）。

泰德・岩哥（Ted Janger）和薇基・伊斯特斯（Vicki Eastus）在我去到紐約做研究時，提供我下榻的地方，並且陪伴著我。艾力克・魯賓（Eric Rubin）在緊要關頭提供我雪茄和烈酒，這些我銘記在心。在無數寫作的夜晚，電視上重播了好幾次《美國賤隊：世界警察》（*Team America: World Police*），讓我可以看看電影、喘口氣，所以我最後要謝謝這部電影的製作人，崔・派克（Trey Parker）和麥特・史東（Matt Stone）。

FOCUS 3

品嘗的科學 普立茲獎得主教你用腦品出好滋味

TASTY: THE ART AND SCIENCE OF WHAT WE EAT

作　　者　約翰・麥奎德（John McQuaid）
譯　　者　林東翰、張瓊懿、甘錫安
總 編 輯　林慧雯
封面設計　黃新鈞（金日工作室）

出　　版　行路／遠足文化事業股份有限公司
發　　行　遠足文化事業股份有限公司
地　　址　231新北市新店區民權路108之2號9樓
電　　話　（02）2218-1417；客服專線　0800-221-029
客服信箱　service@bookrep.com.tw
郵撥帳號　19504465　遠足文化事業股份有限公司

法律顧問　華洋法律事務所　蘇文生律師
印　　製　韋懋實業有限公司
出版日期　2024年6月　三版一刷

定　　價　450元
I S B N　9786267244449（紙本）
　　　　　9786267244470（PDF）
　　　　　9786267244487（EPUB）

行路Facebook
www.facebook.com/
WalkingPublishing

儲值「閱讀護照」，
購書便捷又優惠。

線上填寫
讀者回函

國家圖書館預行編目資料

品嘗的科學：普立茲獎得主教你用腦品出好滋味
約翰・麥奎德（John McQuaid）著；
林東翰、張瓊懿、甘錫安譯
一三版.一新北市　行路出版：
遠足文化發行，2024.06
　面；　公分
譯自：Tasty: The Art and Science of What We Eat
ISBN　978-986-XXXX（平裝）
1.CST: 食品科學　2.CST: 食物
463　　　　113002985